ISBN 978-3-662-37467-2   ISBN 978-3-662-38232-5 (eBook)
DOI 10.1007/978-3-662-38232-5

(Aus dem Zoologischen Institut der Universität Bern.)

ÜBER ORGANENTWICKLUNG UND HISTOLOGISCHE DIFFERENZIERUNG IN TRANSPLANTIERTEN MEROGONISCHEN BASTARDGEWEBEN,
(*TRITON PALMATUS* (♀) × *TRITON CRISTATUS*-♂).

Von

Ernst Hadorn.

Mit 61 Textabbildungen.

(*Eingegangen am 10. August 1931.*)

Inhaltsübersicht.

 32b

Einleitung.

Im Jahre 1889 gelang es TH. BOVERI, kernlose Eibruchstücke einer Seeigelart (*Sphaerechinus*) mit Samen einer andern Art (*Parechinus*) zu befruchten. Daraus entwickelten sich Bastardkeime, die von der mütterlichen Spezies nur Plasma, von der väterlichen aber das Kernmaterial übernommen hatten. Seit DELAGE (1899) bezeichnet man diese Art von Entwicklung als *Merogonie* und versteht darunter ganz allgemein: *Die Entwicklung von befruchteten Eifragmenten ohne Beteiligung des Eikerns.*

Wir unterscheiden *homosperme* und *heterosperme* oder *Bastardmerogonie*, je nachdem das Eiplasma mit einem artgleichen oder artfremden Spermakern besamt wird.

BOVERIS Merogonieexperimente sollten das grundlegende Problem entscheiden, in welchem Maße Kern und Plasma an der Übertragung von Artmerkmalen beteiligt sind. In seinen ersten Versuchen lieferte die familienfremde Kombination: *Sphaerechinus* (♀)[1] ×*Parechinus*-♂ Pluteus-Larven „ohne mütterliche Eigenschaften" (BOVERI 1889). Damit schien ein experimenteller Beweis dafür geliefert, daß die Vererbung nur durch den Kern geleitet wird. Diese Deutung war lange Zeit umstritten. BOVERI selbst hat dann in einer nachgelassenen Arbeit (1918) die schwerwiegendsten Einwände gegen seine früheren Ergebnisse erhoben und wahrscheinlich gemacht, daß bei der Entstehung der scheinbar merogonischen Plutei ein Teil des mütterlichen Kernmaterials beteiligt war.

Die echt-merogonischen Keime: *Sphaerechinus*-Plasma ×*Parechinus*-Kern entwickelten sich normal bis zum Beginn der Urdarmbildung, stellten aber die Weiterentwicklung während des Gastrulationsprozesses ein und gingen ohne Ausnahme zugrunde, bevor überhaupt artdifferente Merkmale in Erscheinung treten *konnten*.

Ähnlich verlief der Erfolg einer Bastardierung, bei der es GODLEWSKI (1906) gelang, kernloses Seeigelplasma (*Parechinus*) mit Haarsternchromatin (*Antedon*) zu merogonischer Entwicklung zu bringen. Die Großzahl dieser Keime starb bereits auf dem Blastulastadium ab, und als *seltene* Maximalleistung dieser Kombination erhielt GODLEWSKI (1906, S. 632) vier Gastrulen. Zur Ausbildung der artverschiedenen Skelettformen kam es hier ebensowenig wie bei den BOVERIschen Merogonen. BOVERI (1918) glaubt sogar, daß bei den wenigen Keimen, die in den GODLEWSKIschen Versuchen das Gastrulastadium erreichten, das mütterliche Kernmaterial nicht völlig entfernt worden war und daß diese klassenfremde Kombination nicht mehr als die Blastulabildung leisten kann.

Zu entsprechenden Resultaten kamen TAYLOR und TENNENT (1924) sowie FRY (1927); auch bei ihren Seeigelmerogonen blieb die Entwicklung auf frühen Stadien stehen.

---

[1] Das Zeichen (♀) bedeutet *kernloses* Eiplasma.

Damit können die Echinodermenmerogone, ihrer verfrühten Entwicklungseinstellung wegen, nichts aussagen über die Lokalisation der Erbfaktoren. An Stelle dieser ursprünglichen, speziell vererbungstheoretischen Fragestellung hat BOVERI *in seiner Arbeit (1918) der Merogonieforschung ein allgemeineres, ein entwicklungsmechanisches Problem zugewiesen: Warum ist eine normale Entwicklung nur bis zu einem bestimmten Frühstadium möglich, wenn Kern und Plasma artverschiedener Herkunft sind?*

Unter diesem Gesichtspunkt müssen nun auch die *Merogonieversuche an Amphibien* betrachtet werden.

H. SPEMANN (1914) hat das frisch besamte, noch ungefurchte *Ei von Triton taeniatus* mit Hilfe einer feinen Haarschlinge in eine eikernhaltige und eine eikernlose Plasmahälfte zerschnürt. Da nun normalerweise mehrere Spermien ins Molchei eindringen (*physiologische Polyspermie*), so ist meist auch der eikernlose Teil mit väterlichem Kernmaterial versorgt. Bei homospermer Befruchtung kann aus einer solchen Eihälfte in echtmerogonischer Entwicklung eine normale Larve werden (SPEMANN 1914, BALTZER 1922).

F. BALTZER (1920) hat das SPEMANNsche Experiment mit Bastardierung kombiniert. Es gelang, die kernlose Plasmahälfte des Eies von *Triton taeniatus* mit Spermakernen der drei anderen *Triton*-Arten, die in Freiburg i. B. und Bern vorkommen, zu befruchten, und so wurden die folgenden merogonischen Kombinationen hergestellt:

Triton taeniatus (♀) × *Triton palmatus-* ♂,
Triton taeniatus (♀) × *Triton alpestris-* ♂,
Triton taeniatus (♀) × *Triton cristatus-* ♂,

und dazu noch:

Triton palmatus (♀) × *Triton cristatus-* ♂.

Als Ergebnis der Versuche zeigte sich, daß diese Bastardmerogone — wie die BOVERIschen Seeigel — fähig waren, die ersten Entwicklungsschritte normal auszuführen. Sie blieben dagegen nicht schon auf dem Gastrulastadium stehen, sondern zeigten eine überraschend gute Entwicklungsfähigkeit, indem sie nicht nur die Gastrulation mühelos bezwangen, sondern sich über die Neurulation hinaus bis zur Anlage der primären Organe entwickelten. Dann aber trat auch bei ihnen ein typischer Stillstand ein, der charakteristisch — für jede Artkombination verschieden — auf einer bestimmten Entwicklungsstufe liegt (BALTZER 1920).

Schöne Übereinstimmung mit BALTZERs Ergebnissen zeigen Experimente, die G. HERTWIG (1913) und P. HERTWIG (1922, 1923) ausführten. Hier wurde durch Radiumbestrahlung bei verschiedenen Amphibieneiern der mütterliche Kern zerstört. Die entkernten Eier wurden heterosperm besamt, und aus ihnen entwickelten sich arrhenokaryotische Keime.

Gleich wie bei den BALTZERschen Merogonen erfolgt auch bei diesen Bastarden auf eine zuerst normale Entwicklung ein charakteristischer Stillstand, der zum Absterben führt.

Dieser Entwicklungsstillstand hat nun für die theoretische Auswertung der Amphibienmerogonie (BALTZER, HERTWIG) die gleichen Folgen wie bei den BOVERI-GODLEWSKIschen Experimenten. Auch

Tabelle 1. Echinodermen.

Autor	Plasma	Kern	Furchung Blastula	Gastrulation Skelett	Pluteus
BOVERI	Sphaerech.	Sphaerech.	——————————————————→		Entwicklung nicht weiter verfolgt
BOVERI	Parechinus	Paracentr.	——————————————————→		Dasselbe
BOVERI	Sphaerech.	Paracentr.	——————————····→†		
GODLEWSKI	Parechinus	Antedon	——————————————····→†		
GODLEWSKI (Deutung: BOVERI)	Parechinus	Antedon	——····→†		

Tabelle 2. Amphibien.

Autor	Plasma	Kern	Furchung Blastula	Gastrula Neurula	Med. Rohr Augenbl.	Myotome Bewegung Pigment	Extrem.-buckel	Kiemenäste Zehen	Metamorphose
BALTZER	Triton taen.	Triton taen.	——————————————————————————————————→						
BALTZER	Triton taen.	Triton palm.	————————————————————————————····→†						
BALTZER	Triton taen.	Triton alpestr.	——————————————————————····→†						
P. HERTWIG	Triton taen.	Triton crist.	——————————————————····→†						
BALTZER	Triton taen.	Triton crist.	——————————····→†						
BALTZER	Triton palm.	Triton crist.	————····→†						
G. HERTWIG	Bufo	Rana	——····→†						

Erklärung: ——→ normale Entwicklung (Formbildung)

····→† gehemmte Formbildung, Entwicklungsstillstand, Absterben.

hier werden, von den Eicharakteren selbst abgesehen, innerhalb der dem Keim möglichen Entwicklung noch keine bei den Eltern verschiedene Artmerkmale ausgebildet. Aber auch diese Tiere gewinnen, obgleich sie für die Lösung der vererbungstheoretischen Grundfrage versagt haben, ein hohes entwicklungsmechanisches Interesse.

Einen Überblick über die Formbildungsleistungen der wichtigsten tierischen Merogone[1] geben die Tabellen 1 und 2.

Zusammenfassung: *In bastardmerogonischen Keimen folgt auf einen normalen Entwicklungsanfang ein charakteristischer Entwicklungsstillstand. Für jede Artkombination liegt der Zeitpunkt der Entwicklungseinstellung auf verschiedener Organisationshöhe.*

Nach BOVERI (1918) und BALTZER (1920) kann diese abgestufte Entwicklungsfähigkeit in Beziehung gesetzt werden zur Verwandtschaftsnähe der Eltern.

Problemstellung.

Wir beschäftigen uns im folgenden ausschließlich mit den beiden Kreuzungen: *Triton taeniatus* (♀) × *Triton cristatus*-♂ und *Triton palmatus* (♀) × *Triton cristatus*-♂. Nach den BALTZERschen Experimenten stimmen diese Kombinationen in ihren Entwicklungsleistungen überein (BALTZER 1930, S. 326). Es scheint damit für den Entwicklungserfolg gleichgültig, ob dem *Cristatus*-Kern ein *Taeniatus*- oder ein *Palmatus*-Plasma gegenübersteht.

Tr. taeniatus und *Tr. palmatus* sind zwei verwandtschaftlich sehr nahestehende Arten. Ihre Eier lassen sich nicht unterscheiden, und auch die erwachsenen Tiere zeigen — besonders im weiblichen Geschlecht — eine weitgehende Übereinstimmung. Die merogonischen Kreuzungen dieser beiden Arten entwickeln sich weit (Tabelle 2, S. 498). *Cristatus* dagegen weicht im Eitypus und im metamorphosierten Tier von den beiden schon genannten Arten in hohem Grade ab. (Die Larven allerdings sind relativ ähnlich.) Die Eier der merogonischen Kreuzungen: *Taeniatus*- oder *Palmatus*-Plasma × *Cristatus*-Kern haben von allen *Triton*-Kombinationen die geringste Entwicklungsfähigkeit (vgl. Tabelle 2).

Sie zeigen (Abb. 1a) bis Schluß der Gastrulation eine normale Entwicklung, legen auch die Medullarplatte richtig an, schließen aber die Medullarwülste nur unter Verzögerung und sterben ab nach Bildung der primären Augenblasen (BALTZER 1930, S. 328).

Die histologische Untersuchung dieser Keime hat ein neues entwicklungsmechanisches Problem aufgedeckt. Solche im Entwicklungsstill-

---

[1] Wir werden mit BALTZER (1930, S. 329) und SCHLEIP (1929, S. 19) auch die arrhenokaryotischen Radiumlarven als „Merogone" bezeichnen. Über die ursprüngliche Wortbedeutung hinausgehend, dürfte damit jeder Organismus, der sich *ohne mütterliches Kernmaterial* entwickelt, als Merogon gelten, auch dann, wenn das vollständige Eiplasma beteiligt ist.

stand begriffene Merogone verhalten sich in ihren einzelnen Organbereichen verschieden:

„Zahlreiche Organe und Gewebe bleiben ganz oder weitgehend gesund: so die Epidermis, das Neuralrohr und die Chorda. Dagegen ist das zwischen dem Neuralrohr, der Chorda und dem Kopfdarm liegende ‚Kopfmesenchym' völlig oder wenigstens sehr stark kernpyknotisch" (Baltzer 1930, S. 328).

In diesem pyknotisch erkrankten Kopfmesenchym finden wir denjenigen Keimbereich, den wir für die Entwicklungseinstellung des Ganzmerogons verantwortlich machen können.

„Wahrscheinlich werden die noch gesunden Organe an ihrer Weiterentwicklung sekundär dadurch verhindert, daß der Keim an seinem lokalen Krankheitsherd zugrunde geht. *So führte der geschilderte histologische Befund zu Versuchen mit erweiterter Methodik.* Merogonische Teilstücke verschiedener zukünftiger Organbezirke mußten, in normale Keime übergepflanzt, Aufklärung geben, wie weit der fremde Kern die Entwicklungsarbeit in gesunder Umgebung leisten kann. Es war für die Gewebe, die im Ganzkeim gesund blieben, im Transplantat eine weitere Entwicklung zu erwarten. In der Tat zeigte sich schon in Experimenten des

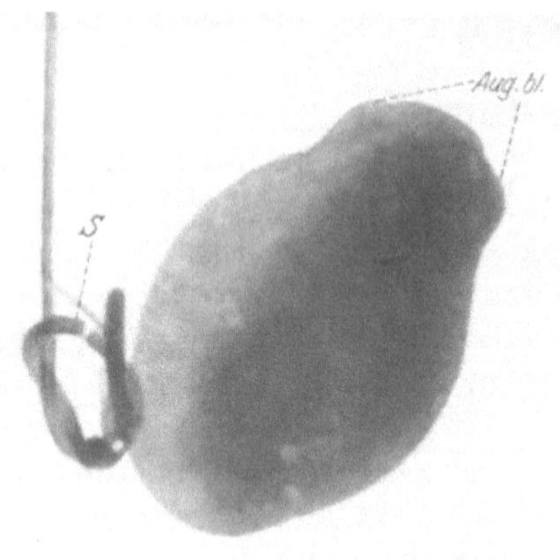

Abb. 1a. Ganz-Merogon: *Tr. taen.* (♀) × *Tr. cristatus*-♂ nach Baltzer 1930. *S* Haarschlinge.

Jahres 1926, daß sich merogonische Epidermis *transplantiert,* weiter als im Ganzkeim entwickelt" (Baltzer 1930, S. 331).

Während der Laichperioden 1928 und 1929 habe ich bastardmerogonisches Material in der gleichen Weise transplantiert und *die verschiedenen embryonalen Organbezirke einzeln auf ihre maximale Entwicklungsleistung geprüft.* Ich habe dabei ausschließlich mit der Kreuzung: *Tr. palmatus* (♀) × *Tr. cristatus*-♂ gearbeitet. Dazu wurden zu Kontrollzwecken auch homosperme Merogone: *Tr. palmatus* (♀) × *Tr. palmatus*-♂ hergestellt.

Die allgemeine Transplantations- und Schnürungstechnik ist die von Spemann (1920) beschriebene.

Ich bin meinem verehrten Lehrer, Herrn Professor F. Baltzer, für die Überlassung dieser von ihm weitgehend vorbereiteten Untersuchungen und für die Einführung in die entwicklungsmechanische Arbeitsweise herzlich dankbar. Im besonderen verdanke ich auch wesentliche Punkte der theoretischen Bearbeitung seiner wertvollen Anregung. Herzlichen

Dank schulde ich Herrn Professor BAUMANN, namentlich für technische Ratschläge und Unterstützung bei der Materialbeschaffung, sowie den Herren Dr. FANKHAUSER und Dr. LEHMANN, die meine Arbeit durch ihr Interesse und durch ihre Erfahrungen auf entwicklungsmechanischem Gebiet förderten. Verbindlichen Dank auch an Herrn Regierungsstatthalter BÄHLER in Trachselwald; durch sein helfendes Entgegenkommen wurde uns die Materialbeschaffung sehr erleichtert.

I. Teil.
Methodik und Kriterien der Haploidität.

Die Zusammenstellung auf S. 502 (Tabelle 3, Abb. 1—10) zeigt in schematischer Übersicht den Gang des Experimentes sowie den weiteren Verlauf der Untersuchung.

1. *Bastardierung* (Abb. 1).

Die Eier von *Triton palmatus* wurden aus den Uteri herauspräpariert und mit Spermaflüssigkeit von *Triton cristatus* betupft. Gleich darauf wurde Wasser zugegeben; die Eihüllen quellen dabei auf, und schon jetzt kann der Erfolg der Besamung festgestellt werden. Das Eichromatin liegt am animalen Pol im Bereich eines hellen Fleckens („*Eifleck*"). Die Eintrittsstellen der Spermien verraten sich als dunkle Punkte; es sind Ansammlungen von primärem Zellpigment in der Eirinde. Die Zahl dieser „*Einschläge*" gibt direkt den Grad der Polyspermie an.

Durch FANKHAUSERS (1925, S. 508) Untersuchungen wissen wir, daß sich *Triton*-Eier, in die mehr als ungefähr zehn Spermien eindringen, nicht normal furchen und entwickeln können. Ich habe deshalb überstark besamte Eier nicht weiter verwendet. Die unnatürlich starke Polyspermie suchte ich zuerst zu verhüten, indem ich die Spermaflüssigkeit mit Ringerlösung verdünnte. Aber auch stark verdünntes Sperma konnte die Eier zu stark besamen; andererseits erhielt ich oft nach Zugabe von sehr viel konzentriertem Sperma ganze Serien von schwach polyspermen Eiern, die selten mehr als vier Einschläge zeigten und sich dadurch für die weitere Behandlung als besonders günstig erwiesen.

Ich war kaum imstande, den künstlichen Befruchtungsvorgang wesentlich zu beeinflussen, und es scheint, daß hier in erster Linie die zufällige Eignung der Geschlechtsprodukte entscheidet.

2. *Schnürung* (Abb. 2)[1].

Kurz nach der Befruchtung wurden die Eier in eine 0,4—0,8proz. $CaCl_2$-Lösung gebracht. In dieser schon von BALTZER (1920) verwendeten Salzlösung wurde nach der SPEMANNschen Methode (1914) geschnürt. Bei richtiger Stellung der Haarschlinge gelingt es meist, das Ei selbst in zwei annähernd gleichgroße Teilstücke zu zerlegen. Mit FANKHAUSER (1925, S. 508) möchte ich den eikernhaltigen, diploiden Teil als „Di-Hälfte", den merogonischen, haploiden Teil als „Ha-Hälfte" bezeichnen.

---

[1] Nach CURRY (1931) können *Triton*-Merogone auch durch Anstich hergestellt werden.

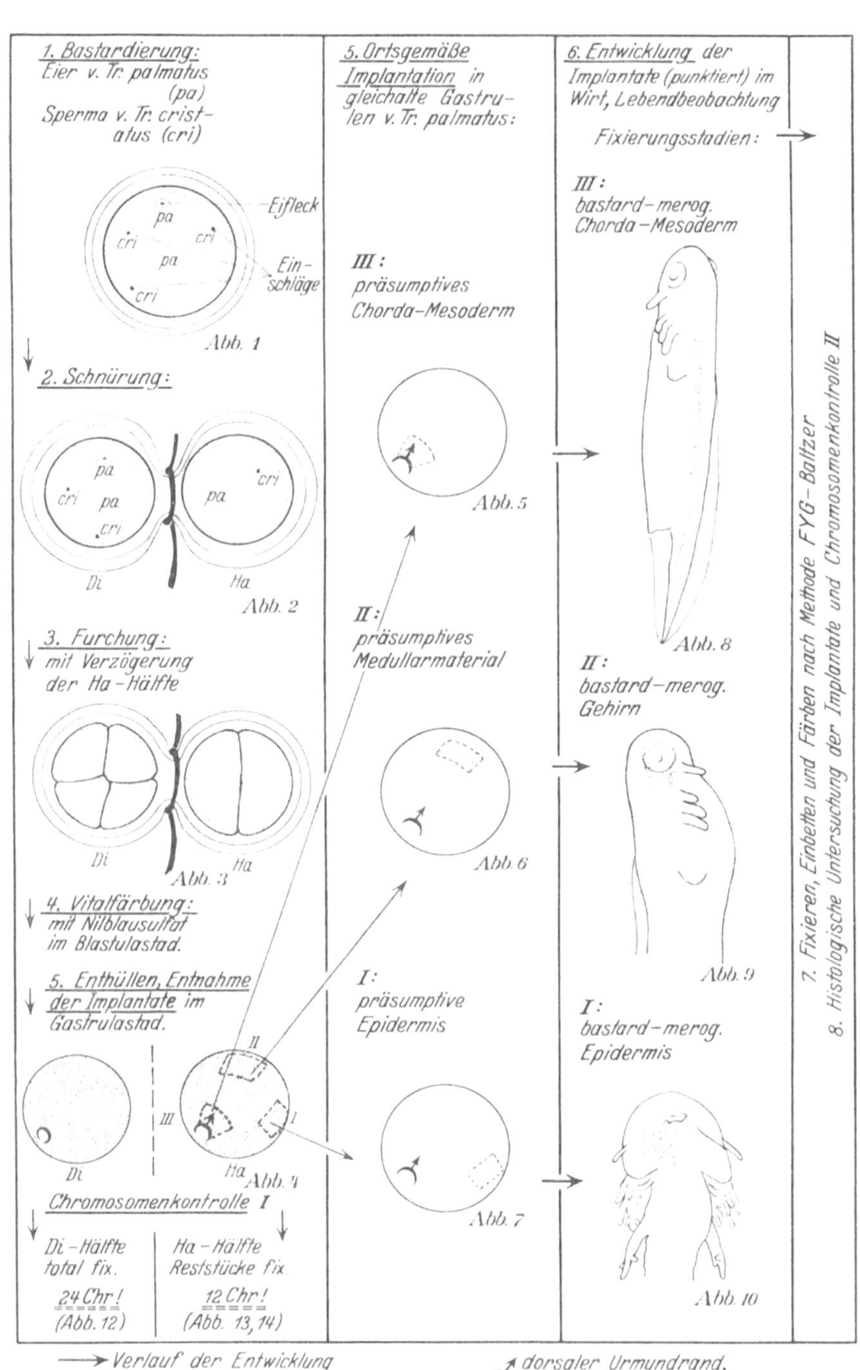

Abb. 1—10. (Tabelle 3.)

Eine einwandfreie Auswertung der Merogonieversuche verlangt, daß in keinem Fall die merogonische Schnürhälfte mit der eikernhaltigen verwechselt wird. Ich habe deshalb mit besonderer Aufmerksamkeit während des Anziehens der Haarschlinge die jeweilige Lage des hellen Eiflecks verfolgt, und erst, wenn ich *nach* vollzogener Schnürung in dem einen Schnürteil innerhalb des Eiflecks auch noch ein dunkles Pigmentpünktchen, den sogenannten „*Richtungsfleck*" feststellen konnte, durfte ich mit Sicherheit eine Ha- und eine Di-Hälfte unterscheiden (Abb. 2). Dieser Richtungsfleck nämlich bezeichnet den Ort, wo sich die mütterlichen Chromosomen während der zweiten Reifeteilung befinden.

Es ist ein erster Hinweis für die echt-merogonische Natur der einen Schnürhälfte, wenn der Richtungsfleck in der anderen einwandfrei festgestellt wird.

Durch ungleichmäßiges Beschneiden der Schlingenenden konnten die Schnürteile als Rechts- und Linkshälften bleibend kenntlich gemacht werden.

3. *Beobachtungen über den Furchungsverlauf* (Abb. 3).

Von den abgeschnürten merogonischen Hälften kam nun ein großer Teil überhaupt nicht zur Furchung, entweder weil die Ha-Hälfte keinen Spermakern erhalten hatte, oder weil sie durch die Schnürung und ihre Folgen geschädigt worden war.

Nicht alle Schnürhälften schließen die Teilungswunde rasch und sauber; unausgeglichene Druckverhältnisse innerhalb der eingeschnürten Hüllen können die heilende Abkugelung verhindern. Oft kann eine Anrißstelle unschädlich gemacht werden, indem das nackte Dottermaterial als Extraovat ausgestoßen wird; bleiben aber die Dotterwunden bestehen, so geht der Eiteil zugrunde.

Eine andere „Schnürgefahr" kann durch das Dotterhäutchen verursacht werden. Bei vorsichtiger Schnürung bleibt es erhalten; es durchzieht dann, die beiden schon getrennten Eihälften noch umschließend, die enge Schlingenöffnung. Es platzt aber, wenn die Schlinge um ein Geringes zu stark angezogen wird. In den guten Fällen schlüpft die Eikugel schnell und als Ganzes aus der gerissenen Haut heraus und bleibt innerhalb der noch unverletzten äußeren Gallerthüllen liegen. Diese Fälle sind brauchbar. Wenn aber die Dotterhaut nur ungenügend aufreißt, bleibt ein Teil des Eies festgeklemmt, und die frei werdenden Dottermassen quellen bruchsackartig heraus; damit wird das Ei unbrauchbar.

Recht oft reißt die Dottermembran erst 1—3 Stunden nach sorgfältig vollzogener Schnürung und bewirkt ein Platzen von wertvollem Material. Auf Anraten von Herrn Prof. BALTZER brachte ich gefährdete Keime sofort nach der Schnürung in destilliertes Wasser und ließ sie bis zu einer Stunde darin. Es gelang mit dieser Behandlungsweise bedeutend mehr furchungsfähiges Material zu gewinnen. Das Dotterhäutchen scheint durch die Wirkung des destillierten Wassers schlaffer und damit ungefährlicher zu werden. Im übrigen gilt, was über den Erfolg der künstlichen Befruchtung gesagt wurde, auch über das Gelingen der Schnürung: Die Eier der verschiedenen Weibchen können die Gefahren des Schnürens recht ungleich überstehen.

Aus den Experimenten von SPEMANN (1914), BALTZER (1920) und FANKHAUSER (1925) wissen wir, daß für die Entwicklung einer merogonischen Schnürhälfte ein *verzögerter Furchungsbeginn* charakteristisch ist. Nach FANKHAUSERs umfangreichen Beobachtungen (1925, S. 519) beginnt die erste Furchungsteilung in einer Ha-Hälfte um etwa 1 Stunde später als in einer Di-Hälfte; dies entspricht ungefähr der Verzögerung um einen Furchungsschritt: dem Zweizellenstadium des Merogons steht dann jeweils ein Vierzellenstadium im Di-Keim gegenüber (Abb. 3, S. 502).

Ich suchte diese *Verzögerung* in jedem Fall zu protokollieren. Sie sollte als *sichere Kontrolle für die merogonische Konstitution der einen Schnürhälfte dienen* und hätte eine allfällige Verwechslung oder falsche Markierung der beiden Halbkeime verraten müssen. Die Verzögerung konnte bis ins Blastulastadium verfolgt werden und war oft auch noch während der Gastrulation an der Urmundform ablesbar.

FANKHAUSER (1925, S. 518) hat den Furchungsablauf in merogonischen Eihälften eingehend untersucht und neben 78 anormal gefurchten nur 11 Ha-Hälften mit normaler Furchung festgestellt. Für die anormal gefurchten Schnürhälften fand er eine beschränkte Entwicklungsfähigkeit; sie gelangten (mit zwei Ausnahmen) nur bis ins Blastulastadium. Aus den Schnürhälften mit normaler Furchung entwickelten sich dagegen normale Embryonen. Bei den Abnormalen treten mehrere Spermakerne und mehrere Strahlungen — sich gegenseitig störend — in Tätigkeit (vgl. auch FANKHAUSER 1929). Bei den Normalen entwickelt sich einzig ein Hauptspermakern; er übernimmt dabei die gleiche Rolle wie im diploiden Ei der Furchungskern.

In meinem Material konnte ich die ganze Reichhaltigkeit der FANKHAUSERschen Furchungsanomalien feststellen. Damit war ein großer Materialverlust verbunden, indem *diese anormalen Furcher als Blastulen oder doch als Frühgastrulen starben.* Vermehrung von Spermaeinschlägen bewirkte — wie bei FANKHAUSERs Versuchen — ebenfalls Furchungsstörungen in steigendem Maße.

FANKHAUSER hat seine Untersuchungen an homosperm-merogonischen Schnürlingen gemacht. Ich habe ebenfalls eine große Zahl von natürlich besamten *Palmatus*-Eiern geschnürt. Vergleiche ich die Häufigkeit der Furchungsanomalien, wie sie einerseits im homospermen Merogon (mit dem *Palmatus*-Kern) und andererseits im heterospermen Merogon (mit dem *Cristatus*-Kern) auftraten, so kann ich keinen Unterschied feststellen. Normale Furchung trat im Bastardversuch mindestens so häufig auf wie bei Homospermie.

4. *Vitalfärbung.*

Im Morula- oder Blastulastadium wurden die von den gemeinsamen Eihüllen umschlossenen Keime in eine sehr stark verdünnte Lösung von

Nilblausulfat gebracht. In etwa 20 Stunden wurde eine gleichmäßige und genügende Farbstoffspeicherung erreicht. In diesen Frühstadien liegt der größte Teil des Zellmaterials der späteren Organanlagen noch oberfläch- lich (VOGT 1925, 1929). Es konnten so alle für die spätere Implantation in Betracht kommenden Keimbereiche gefärbt werden.

Eine Keimschädigung kommt bei der verwendeten schwachen Farb- konzentration nicht in Betracht (vgl. MACHEMER 1929, S. 205). Kontroll- larven, die einer mehrfach stärkeren Farblösung ausgesetzt wurden und ein Mehrfaches an Farbstoff gespeichert hatten, zeigten keinerlei Ent- wicklungsstörungen. Aus der Farblösung wurden die Keime wieder in frisches Zuchtwasser zurückgebracht.

5. *Implantation* (Abb. 4—7).

Enthüllung und Implantation wurden unter dem Binokular vorge- nommen.

Enthüllen der beiden Schnürkeime: 1—3 Stunden vor der Implan- tation wurde das Haar mit zwei spitzen, scharfkantigen Uhrmacher- pinzetten zerrissen; dabei dürfen die Eihüllen selbst nicht verletzt wer- den. Die Hüllen sind soweit elastisch, daß sich die Schnürenge weitgehend ausgleicht. Zum Durchschneiden der Hüllen diente eine Pinzettenschere (VOGT 1925, S. 555). Der Schnitt muß sehr rasch und in der Regel in der Mitte zwischen den beiden Schnürhälften durchgeführt werden. Durch die entstehende Öffnung treibt der innere Überdruck der Flüssig- keit, der bis zum Durchschneiden die Hüllen gespannt hielt, die beiden Gastrulen energisch hinaus. Dies ist der gefährlichste Augenblick des ganzen Experimentes; denn sehr oft bleibt das Loch zu klein, und die Zellen werden als unbrauchbare Wurst aus den Hüllen gepreßt. Ich habe auf diese Weise sehr viel wertvolles Material verloren, was doppelt un- angenehm ist, weil man eben sehr viele Eier schnüren muß, um nur einige merogonische Gastrulen zu erhalten.

Sofort nach dem Enthüllen wurde — zu Kontrollzwecken (S. 511) — die diploide Gastrula fixiert (Abb. 4, Di).

Implantation: Der merogonische Keim (Abb. 4, Ha) wurde zur Im- plantation in verdünnte Ringerlösung überpipettiert. *Als Wirte dienten ungefärbte Gastrulen von Triton palmatus.* Der merogonischen Gastrula wurden 3—10 Implantate aus verschiedenen präsumptiven Organberei- chen entnommen (Abb. 4, Ha) und einzeln je einem gleichalten Wirts- keim ortsgemäß eingefügt (Abb. 5—7). In einer Entnahmeskizze (Abb. 4, Ha) wurden die Herkunftsstellen der einzelnen Stücke festgehalten, was für die spätere Beurteilung ihrer Entwicklungsleistungen von Wichtigkeit war. In Abb. 4, Ha, S. 502, sind drei Implantate eingezeichnet und zwar je eines aus der präsumptiven Epidermis (I), aus dem präsumptiven Me- dullarmaterial (II) und aus dem präsumptiven Chorda-Mesoderm (III).

Maßgebend für die Kennzeichnung der Organbereiche war das VOGTsche Anlageschema (VOGT, 1929, Abb. 1).

Die Reststücke des Merogons, die nicht zur Implantation kamen, wurden sofort fixiert. In diesem Material konnten später die *Chromosomen gezählt* werden; dadurch war es möglich, *einen direkten Beweis* zu liefern dafür, *daß alle Implantate aus Keimen stammen, die kein mütterliches Kernmaterial besitzen* (Tabelle 3, Chromosomenkontrolle I, S. 502).

Die *ortsgemäße* Implantation in den gleichalten Wirt sollte den Implantaten die besten Entwicklungsbedingungen schaffen und die klarsten Differenzierungsleistungen ermöglichen. Aus folgenden Gründen war es mir aber oft nicht möglich dieser Forderung nachzukommen:

1. Einige Gastrulen wurden durch das Enthüllen beschädigt; dadurch wird die Lagebeziehung der einzelnen Teile gestört.

2. Nicht wenige Schnürhälften hatten nur unvollkommen oder gar nicht gastruliert (nach FANKHAUSER 1930 z. T. eine Folge ungenügender Versorgung mit Organisatormaterial). In diesen Keimen ist die Lokalisation der präsumptiven Organanlagen erschwert; ich habe sie aber, soweit sie im Gewebe selbst gesund erschienen, auch zur Implantation verwendet, auch wenn ich dabei über die genauere Materialzugehörigkeit im unklaren bleiben mußte.

3. Auch bei vollständig normaler Gastrulation passen die Gewebestücke eines Halbkeims nur unvollkommen ins Organbild des größeren Wirtes. Deshalb sind Täuschungen im Abschätzen von Lagebeziehungen eher möglich als bei Transplantation von Ganzkeim zu Ganzkeim.

Da aber viele Implantate aus jungen Gastrulen entnommen wurden, zu einer Zeit, da die ektodermalen Materialien noch weitgehend umstimmbar sind (SPEMANN 1918), so spielt die Ortsfremdheit für die Entwicklung im Wirt eine relativ geringe Rolle. Und wenn auch das eine oder andere Implantat infolge einer Ortsfremdheit gehemmt oder geschädigt würde, so kommt dies für die Fragestellung dieser Arbeit nicht in Betracht:

Denn nicht die Analyse von Fehlerscheinungen ist hier das Ziel; wir wollen vielmehr den positiven Potenzschatz des bastardmerogonischen Zellmaterials feststellen, und dazu stehen uns unter der großen Zahl der Implantate genügend ortsgemäße Fälle zur Verfügung.

6. *Entwicklung der Implantate, Aufzucht und Sterblichkeit der Wirtskeime* (Abb. 8—10, S. 502).

Die operierten Keime wurden einzeln in Halbrundschalen mit Ceresinwachsausguß aufgezogen. Zuerst wurde mit tonfiltriertem Zuchtwasser gearbeitet. Dabei erreichten etwa 30—60% der operierten Gastrulen das Augenblasenstadium (Stad. 20 — ich numeriere im folgenden die Entwicklungsstadien nach GLAESNER 1925: Normentafel zur Entwicklungsgeschichte des gemeinen Wassermolches, *Molge vulgaris = Triton taenia-*

tus). Später verwendete ich ausschließlich unfiltriertes, frisches Leitungswasser und konnte so 60—80% der Keime bis zur Augenblasenbildung züchten, davon kam ungefähr die Hälfte noch zur Pigmentzellendifferenzierung (Stad. 27), und einige Larven wurden in vollständig gesundem Zustand in einem Alter fixiert, da Extremitätenknospen und Kiemenäste mit Blutzirkulation ausgebildet waren. Diese Erfahrungen zeigen, daß für das „Berner Wasser" ein Entkeimen durch Filtrieren nicht nötig ist, daß im Gegenteil frisches Leitungswasser dem gestandenen, „keimfreien" vorzuziehen ist.

Das Absterben wurde meist eingeleitet durch lokale Hydropie in der Nackengegend. Nicht selten fehlte den Keimen die nötige Turgeszenz. Sie lagen dann dem Wachsboden mit breiter Fläche auf, so daß leicht große Anklebwunden entstanden. Wenn sich die ersten Anzeichen dieser Erscheinungen zeigten, wurden die Keime fixiert.

Irgendeine Beziehung zwischen der Lage des Implantates und dem Ort oder Zeitpunkt des Erkrankungsbeginnes besteht nicht. Die Wirtskeime erkrankten an den bekannten, besonders disponierten Stellen und nicht etwa in der Nähe der Implantate. Die Sterblichkeit nahm gegen Ende der Laichperiode beträchtlich zu.

Die *Entwicklung der Implantate* im Wirtsverband wurde genau verfolgt, die Lage der merogonischen Gewebe durch Zeichenapparatskizzen in verschiedenen Stadien, auf jeden Fall aber vor der Fixierung festgehalten (Abb. 8—10, S. 502). Die blaugrün gefärbten Implantate konnten, wenn auch weniger deutlich, auch verfolgt werden, wenn sie infolge von Materialbewegungen ins Keiminnere verlagert wurden (z. B. Abb. 46, S. 537 und Abb. 60, S. 549).

Die *Haltbarkeit der Vitalfarbe* war stets gut und genügte innerhalb der erreichten Entwicklungsstadien vollständig, um das Implantat bis zur Fixierung kenntlich zu machen.

7. *Fixierungs- und Farbtechnik.*

Eine einwandfreie Beurteilung von Differenzierungsleistungen implantierter Gewebeteile wurde erst möglich, nachdem eine *Methode der Haltbarmachung vitaler Farben* gefunden war. Ein solches Verfahren war 1927 von W. FYG und F. BALTZER ausgearbeitet und stand mir, als ich diese Arbeit (1928) begann, zur Verfügung[1]. Ich habe sämtliche Schnitte nach dieser FYG-BALTZERschen *Methode* hergestellt und ihre Zuverlässigkeit an etwa 150 gefärbten Implantaten erprobt.

---

[1] Durch F. E. LEHMANN wurde eine andere, ebenfalls erfolgreiche Methode gefunden, die mit Phosphormolybdänsäure arbeitet und zu entsprechenden histologischen Bildern führt (LEHMANN 1928, 1929 und ROMEIS, § 2060). Die LEHMANNsche Methode fand Anwendung durch MACHEMER (1929).

Ich gebe im folgenden, zumal die Fixierung von Vitalfarben allgemein interessieren dürfte, die genauere Technik an; die Anweisungen verdanke ich der Freundlichkeit von Herrn FYG.

Fixierung: ZENKERsches Gemi ch mit Zugabe von Sublimat im Überschuß, jedoch ohne Eisessig (2 Stunden).

Wässern: in fließendem Leitungswasser (2 Stunden).

Aufbewahrung: in konzentrierter wässeriger Sublimatlösung oder in Sublimatalkohol — 70%.

Einbettung: konzentrierte Lösung von Sublimat in 35% Alkohol 10 Min.
      ,,   ,,   ,,   ,,   ,, 70% ,, 10 ,,
      ,,   ,,   ,,   ,,   ,, 96% ,, 10 ,,
      ,,   ,,   ,,   ,,   ,, 100% ,, 10 ,,
      ,,   ,,   ,,   ,,   ,, 100% ,, 10 ,,
        Benzol 3× wechseln . . . . 30 ,,
        Über Benzol-Paraffin in Paraffin einbetten.

Lagerung: im Paraffinblock hält sich die Vitalfarbe „beliebig" lange (Erfahrung: 3 Jahre).

Färbung der Schnitte:
Absteigende Reihe: über Benzol und konzentrierte Sublimat-Alkohole (je 5 Min.) bis Aqua dest.

    Zur *Kernfärbung* muß ein jodfester Farbstoff verwendet werden; ich machte die besten Erfahrungen mit dem BECHERschen *Säure-Alizarinblau* (in Lösung von Chromalaun oder Aluminiumsul'at). Progressive Färbung bis 20 Min. Auswaschen in fließendem Wasser. Das Plasma bleibt ungefärbt.
Aufsteigende Reihe: konzentrierte Sublimat-Alkohole bis 100% (je 5 Min.), dann Benzol (10 Min.).

Entsublimieren: in Lösung von Jod-Benzol, 1× wechseln (30 Min.).
Auswaschen des Jodes: in Benzol, 3× wechseln (30 Min.).
Einschließen in neutralen Benzol-Kanadabalsam.

    Es ist wichtig, daß sämtliche zur Anwendung kommende Sublimat-Alkohole stets ungelöstes Sublimat im Überschuß enthalten.

In fertigen Präparaten hat sich die Vitalfarbe bereits 3 Jahre unverändert erhalten. Immerhin kann auf die Dauer die Schönheit des Schnittbildes durch nachträgliches Auskristallisieren von etwas Sublimat oder Jod beeinträchtigt werden, ohne daß aber dadurch eine spätere Nachuntersuchung merklich gestört würde.

Die Abb. 11 zeigt das mikroskopische Bild einer Grenzstelle zwischen Wirts- und Implantatsgewebe. Intensität und Ton der Farben sind naturgetreu wiedergegeben. Es handelt sich hier um einen Keim, dem nach Beendigung der Gastrulation ein Stück präsumptives Gehirn durch ein entsprechendes Stück aus einem gefärbten merogonischen Keim ersetzt wurde. Nach Ausbildung der primären Augenblasen wurde der Wirt fixiert (Operations- und Entwicklungsgeschichte dieses Falles auf S. 526, Abb. 27—29). Wir finden bei der histologischen Untersuchung das Implantat als ortsgemäß entwickelten Einsprengling im Gehirnboden.

In den Implantatszellen sind die Granulae des primären Eipigments intensiv grün gefärbt (*J.Gr.*) — sie heben sich deutlich ab von den naturfarbenen gelbbraunen Körnchen der Wirtszellen (*W.Gr.*). Plasma und Dotterkörner zeigen keine Vitalfärbung. Auch in allen übrigen Präparaten sind einzig die Pigmentkörner gefärbt. Nach den Untersuchungen von W. Vogt (1925, S. 595 ff.) sind bei lebenden Zellen ebenfalls die Pigmentkörnchen die eigentlichen Farbstoffträger (Speicherung). In frisch gefärbten Geweben stellt Vogt allerdings auch eine schwache Farbtönung

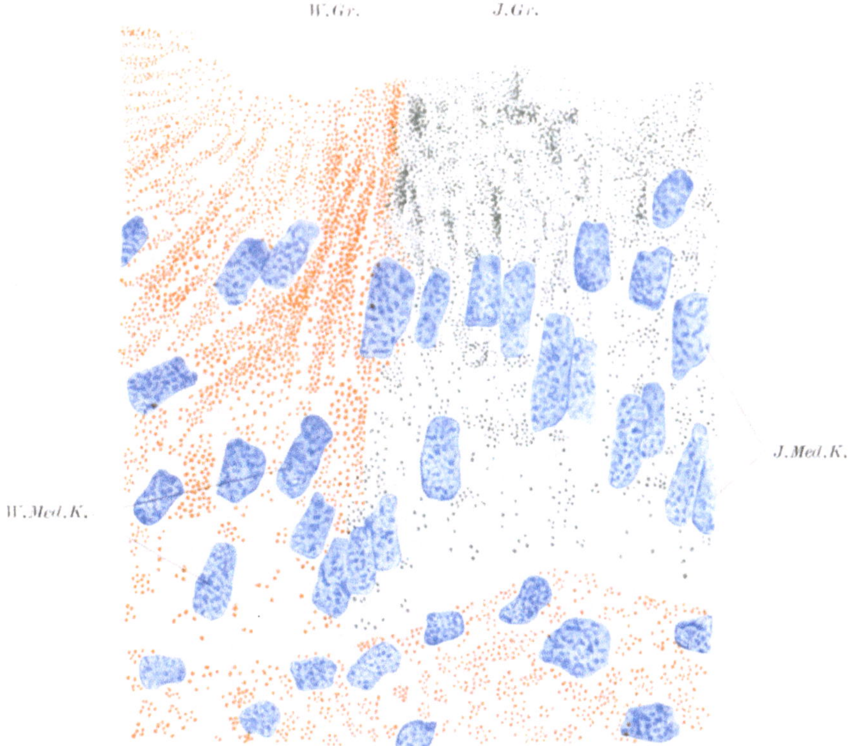

Abb. 11. I, 93. Grenzstelle zwischen Wirt und Implantat (Medullarzellen). Pigmentgranulen der Wirtszellen (*W.Gr.*) braun natürliche Farbe; Pigmentgranulen der Implantatszellen (*J.Gr.*) grün = mit Nilblausulfat gefärbt. Kernfärbung: Säure-Alizarinblau (BECHER). Implantats-Medullarkerne (*J.Med.K.*) von gleicher Form und Größe wie die Wirts-Medullarkerne (*W.Med.K.*). Fixierung nach FYG-BALTZER. Vergr. 580×.

in den Dotterkörnern und in einzelnen Fällen auch schwächste Diffusfärbung des Plasmas fest. In älteren Implantaten aber findet auch Vogt die Vitalfarbe ausschließlich auf die Pigmentkörnchen beschränkt. Demnach ist es verständlich, daß in meinen Implantaten, die stets mehrere Tage nach der Anfärbung untersucht wurden, einzig Granulafärbung festgestellt werden konnte.

Die Übereinstimmung der Vogtschen Lebendbeobachtung mit dem mikroskopischen Bild meiner Präparate zeigt, daß die verwendete Methode eine *wirkliche Fixierung* des Farbzustandes der lebenden Zelle liefert.

Ein nachträgliches Abgeben von Vitalfarbe an das Plasma der eigenen oder an das fremder Zellen wurde nie beobachtet. Es können auf Grund der Granulafärbung, wenn diese genügend kräftig ist, scharfe Grenzen zwischen Wirts- und Implantatsgewebe gezogen werden.

Nachdem feststeht, daß mit dem Fixieren ein stationärer Zustand hergestellt wird, bleibt noch der Einwand zu besprechen, ob denn nicht die lebenden Implantate die angrenzenden Wirtszellen anfärben könnten. Dagegen sprechen einerseits Lebendbeobachtungen: die Implantatsränder sind — besonders in der Epidermis — als scharfe Konturen zu erkennen (Abb. 24, S. 522), und niemals wurde ein Übergreifen der Farbe auf das benachbarte Wirtsgewebe festgestellt, auch dann nicht, wenn das Implantat sehr stark kernpyknotisch war. Dagegen sprechen im weiteren auch die mikroskopischen Befunde an jenen Keimen, wo z. B. gefärbtes Ektoderm auf ungefärbtes Urdarmdach implantiert wurde; auch bei einem solchen engen, flächenhaften Kontakt trat keine Farbe in die Zellen des Wirtes über. Auch nach MACHEMERs Erfahrung (Methode LEHMANN) greift die Implantatsfarbe nicht auf das Wirtsgewebe über, solange die gefärbten Gewebe gesund sind. Zerfallende Implantate allerdings leiteten die Farbe weiter (MACHEMER 1929, S. 205).

Diese Beobachtungen und Überlegungen, die naturgemäß nur für die von mir verwendeten Farbkonzentrationen gelten, beweisen, *daß alles Material, das im Schnittbild die Vitalfarbe führt, auch wirklich dem merogonischen Implantat zugehört.*

Die *zeitliche Haltbarkeit* war in allen untersuchten Fällen ausreichend: Ein Entfärben der Pigmentkörnchen habe ich nie festgestellt, und bis zum völligen Verschwinden des primären Zellpigments wurde kein Implantat gezüchtet. In Übereinstimmung mit den VOGTschen Angaben (1925, S. 588/589) behielten Epidermis und Muskulatur die Farbe besonders gut, d. h. bis ins Stadium der histologischen Differenzierung und spezifischen Funktion (Abb. 21, S. 520). Aber auch Chordaimplantate entfärbten sich nicht. Nach VOGT verliert zwar die Chorda zuerst, gleich nach ihrer Abtrennung, die Farbe. Mein ältestes Chordaimplantat gehört einer freischwimmenden Larve an (Stad. 32, Abb. 8, S. 502). Es konnte dank der Granulafärbung noch deutlich abgegrenzt werden (Abb. 55, S. 544). Im speziellen Teil (S. 545) soll gezeigt werden, daß diese — im Gegensatz zu VOGTS Angabe — überraschende Haltbarkeitsdauer möglicherweise auf der bastardmerogonischen Natur der Chordazellen beruht.

8. *Die Kernverhältnisse und Chromosomenzahlen der merogonischen Zellen.*

Durch die Feststellung des weggeschnürten Eiflecks wird eine merogo-

nische Eihälfte kenntlich (S. 503); *der verzögerte Furchungsbeginn bestätigt ihre merogonische Natur* (S. 504); *aber erst Chromosomenzählungen geben den für unsere Untersuchungen grundlegenden Beweis, daß kein mütterliches Kernmaterial an der Entwicklung beteiligt ist.*

Für alle *Triton*-Arten ist 12 die haploide, 24 die diploide Chromosomenzahl (vgl. P. HERTWIG 1923). Im Normalfall müssen wir demnach im einen Schnürkeim (Ha-Hälfte) 12, im anderen (Di-Hälfte) 24 Chromosomen erwarten. Es kamen nicht immer beide Keime zur Entwicklung; aber dort, wo neben dem Merogon auch eine Di-Hälfte vorhanden war, wurden stets einige Kontrollzählungen im Material dieses nicht-merogonischen Schnürkeims gemacht. Dabei konnten leicht 20 und mehr Chromosomen festgestellt werden. Bei besonders günstig liegenden Platten, wie eine in Abb. 12 wiedergegeben ist, war es möglich, die genaue Chromosomenzahl zu ermitteln. Es finden sich hier 23 Chromosomen im einen Schnitt und eine 24. Schleife im folgenden Schnitt. (Sie ist in Abb. 12 links oben hinzugezeichnet.) Diese Kontrollzählungen im Di-Keim geben uns Aufschluß über *die Lage der mütterlichen Chromosomen* und sind damit ein weiteres Kriterium für die merogonische Kernkonstitution der anderen Hälfte (Tabelle 3, S. 502, Chromosomenkontrolle I).

Als *bastardmerogonische Spenderkeime* dienten im ganzen *40 Ha-Hälften*. Für jeden dieser Keime war eine Chromosomen-

Abb. 12. Diploide Äquatorialplatte (24 Chromosomen) aus einer Di-Hälfte. Vergr. 1400 ×.

untersuchung nötig. Es boten sich zwei Gelegenheiten zur Bestimmung der Chromosomenzahlen:

1. Im Zellmaterial der fixierten Reststücke.

(Tabelle 3, S. 502: Chromosomenkontrolle I.)

2. Bei der histologischen Untersuchung der Implantate selbst.

(Tabelle 3, S. 502: Chromosomenkontrolle II.)

Vor allem hat sich die Untersuchung der Reststücke bewährt, weil im Gastrulaalter Mitosen häufig und die Chromosomen noch von ansehnlicher Größe und Deutlichkeit sind. In den histologisch älteren Implantaten dagegen sind Mitosen seltener, die Chromosomen kleiner und genauere Zählungen schwerer.

Die Untersuchung hat die 40 Spenderkeime in folgende Gruppen aufgeteilt:

I.: 23 Spender mit einheitlich haploider Chromosomenzahl (12 Schleifen).

II.: 11 Spender, deren Chromosomenzahl nicht oder nur annähernd festgestellt werden konnte, die aber nach der Lage des Eiflecks und nach ihrer Furchungsverzögerung das mütterliche Chromatin nicht enthalten können.

III.: 4 Spender mit unregelmäßigen Chromosomenzahlen (12 bis über 20 Schleifen) und mehrpoligen Mitosen.

IV.: 2 Spender, deren merogonische Natur fraglich ist.

Zur I. Gruppe gehören jene 23 Spender, die für die eigentliche Auswertung der Experimente in Frage kommen. Ihre Kerne führen die genaue haploide Chromosomenzahl. 12 Elemente konnten für jeden einzelnen Spender mehrmals festgestellt werden. Andere Chromosomenzahlen wurden nie angetroffen. In zweifelhaften Fällen, wie sie ungünstig liegende

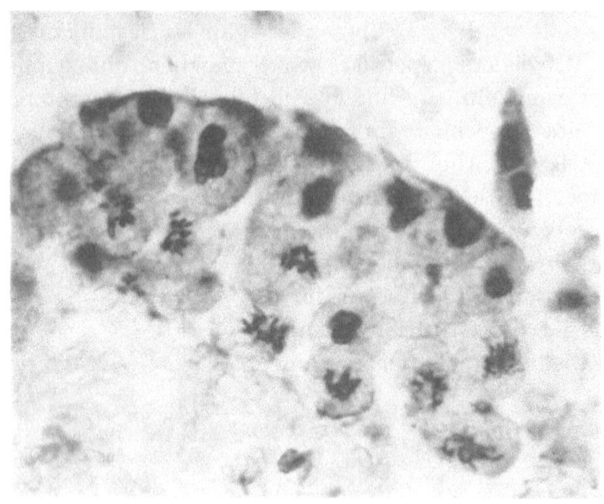

Abb. 13. Zahlreiche haploide Mitosen in einem Rest-tück einer zur Implantatentnahme aufgeteilten Gastrula. Zeiß-Imm. 1/7, Ok. 5×. (Unretouchierte Photo.) Vergr. 380×.

Platten bieten, können die möglichen Zahlen höchstens zwischen 11 und 13 schwanken. Die Häufigkeit der Mitosen war von Keim zu Keim recht verschieden; meist fanden sich auch in kleinen Abfallstücken des Spenders einige Teilungen. Die Abb. 13 gibt — als unretouchierte Photographie — einen Ausschnitt aus einem Kontrollstück wieder, in dem die haploiden Mitosen außerordentlich zahlreich sind.

Wir müssen annehmen, daß die Merogone dieser Gruppe zu jenen Keimen gehören, bei denen einzig ein Hauptspermakern in die Entwicklung eintritt, während überzählige Spermakerne zugrunde gehen (FANKHAUSER 1925, S. 519). Diese Annahme wird gestützt durch die bei diesen Keimen beobachteten *regelmäßigen Furchungsabläufe.*

Da nun einzelne Chromosomenkontrollen nicht ohne weiteres über die Kernkonstitution des ganzen Merogons Aufschluß geben, so sind vor allem jene Fälle wertvoll, wo Mitosen in verschiedenen Regionen gezählt werden konnten. Das Ergebnis einer Untersuchung von Mitosen aus möglichst entfernt liegenden Bezirken eines Keimes gibt Abb. 14. Diese vier Äquatorialplatten zählen übereinstimmend je 12 Chromosomen; die eine stammt aus dem Entoderm, die andern aus verschiedenen Regionen der Keimrinde einer Spendergastrula. In einzelnen Fällen war es auch möglich, die Chromosomenzahlen in mehreren Implantaten, die aus verschiedenen Bezirken des gleichen Spenders stammten, zu ermitteln; auch sie hatten übereinstimmend haploide Zahlen.

Resultat: *Die merogonischen Spender dieser Gruppe und damit die aus ihnen gewonnenen Implantate besitzen ausschließlich Kerne mit einem haploiden (ausbalancierten) Chromosomensatz.*

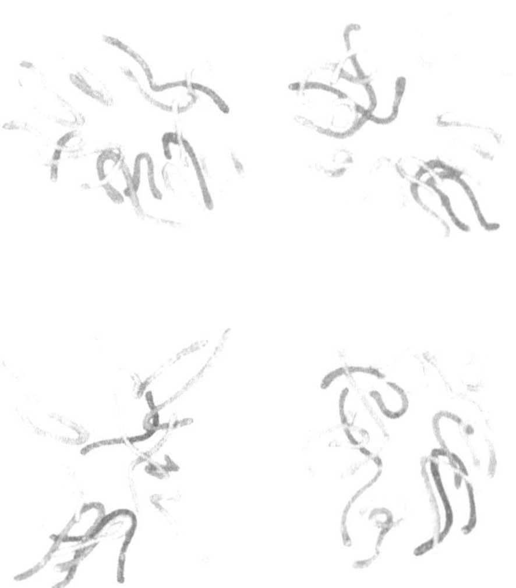

Eine Aufregulierung der Spermachromosomen auf die diploide Zahl habe ich nie festgestellt. P. HERTWIG (1923, S. 53) hält eine solche Aufwertung bei der Entwicklung einer ihrer bestrahlten *Triton*-Larven für wahrscheinlich. Es müßte sich dabei für *Triton* wohl um eine seltene Ausnahmeerscheinung handeln.

II. Gruppe: Bei den elf Keimen dieser Gruppe war ein Bestimmen genauer Chromosomenzahlen unmöglich; es fehlten dazu genügend übersichtliche Mitosen. Da aber

Abb. 14. Haploide Äquatorialplatten (12 Chromosomen) aus verschiedenen Keimbereichen des merogonischen Spenders 18 z Ha. Vergr. 1400 ×.

die Abschnürung des Eifleckes festgestellt wurde und auch der Furchungsablauf die charakteristische Verzögerung zeigte, dürfen diese Keime als echte Merogone betrachtet werden. Immerhin ist mit der Ausschaltung des mütterlichen Kernes noch nicht erwiesen, daß die väterlichen Chromosomen, wie bei der Gruppe I, in haploid-ausbalancierten Sätzen vorkommen.

Die Implantate, geliefert von den Spendern dieser Gruppe, werden in dieser Arbeit nur statistisch verwertet. Sie schließen sich mit ihrem Ergebnis vollständig an Gruppe I an.

III. Gruppe: Auch bei den vier Spendern dieser Gruppe sind die mütterlichen Chromosomen ausgeschaltet, wie der Furchungsablauf und der Nachweis eines diploiden Chromosomensatzes in den Zellen der Di-Hälften beweist. Als anormale Besonderheit aber treten in diesen Merogonen unregelmäßige Chromosomenzahlen auf. So wurden in den Reststücken eines Keimes neben Äquatorialplatten mit 12—15 auch solche mit 17—19 und solche mit 20 und mehr Chromosomen gezählt. Diese Chromosomenzahlen können entstanden sein als Folge der Entwicklung mehrerer Spermakerne oder überzähliger Strahlungen, die störend in die Chromatinverteilung eingegriffen haben (FANKHAUSER 1929; 1930, S. 728). In einigen Fällen habe ich auch noch in Gastrulazellen dreipolige Mitosen angetroffen. Wie bei den dispermen Seeigellarven (BOVERI 1907) entstehen so Areale mit verschiedenen nichtbalancierten Chromosomensätzen.

Die einzelnen Implantate, die solchen Spendern entnommen wurden, sind in Bezug auf ihre Kernpotenzen ungleichwertig und damit für eine vergleichende Beurteilung von Entwicklungsleistungen ungeeignet. Sie wurden deshalb nicht weiter verwertet. Das Problem der bastardmerogonischen Entwicklung soll hier nicht kompliziert werden durch Verquickung mit der Frage nach der Entwicklungsfähigkeit unregelmäßiger und unvollständiger Chromosomensätze.

Die zahlenmäßige Häufigkeit, mit der solche Störungen in geschnürten *Triton*-Eiern auftreten, läßt sich auf Grund der vorliegenden Zusammenstellung nur für Gastrulationsstadien beurteilen. Würde man daraufhin jüngere Keime untersuchen, so wäre die Gruppe III wahrscheinlich bedeutend stärker vertreten. Wie bereits auf S. 504 besprochen wurde, erreichen relativ wenig Merogone das Gastrulastadium. *Die Mehrzahl — es sind die unregelmäßig gefurchten — stirbt vorher ab. Unsere 40 untersuchten Gastrulen sind bereits eine weitgehende Auslese.* Unter ihnen gehört die Großzahl (Gruppe I und II?) zu den normal gefurchten, für die man mit FANKHAUSER annehmen muß, daß sie sich mit einem Hauptspermakern entwickeln; sie haben sich bei meiner Chromosomenkontrolle in der Tat auch als haploidmerogonisch ausgewiesen.

Die vier Keime der Gruppe III dagegen gehören nach den Protokollangaben zu den unregelmäßig gefurchten. Sie sind als Ausnahmen aufzufassen, weil sie trotz unregelmäßiger Furchung und trotz unregelmäßiger Chromosomenzahlen das Gastrulastadium erreichten, während die meisten Keime mit unregelmäßiger Furchung früher absterben. Sie belegen gerade durch ihre Seltenheit, daß *Keime, die sich unregelmäßig furchen und die unregelmäßige Chromosomensätze führen, wenig Aussicht haben, das Gastrulastadium zu erreichen.*

IV. Gruppe: Bei zwei Spendern sind sowohl die Protokollangaben wie auch das Ergebnis der Chromosomenzählung so unsicher, daß eine mütterliche Chromatinbeteiligung in Frage kommen könnte. Dies Material ist wertlos.

Über die Kerngröße in bastardmerogonischen Zellen soll erst im speziellen Teil berichtet werden (Zusammenfassung: S. 550).

II. Teil.

Die Entwicklungsleistungen der bastardmerogonischen Implantate in den verschiedenen Organbezirken.

1. Das Implantat in der Epidermis.

Einzelfälle.

Fall 1: *II*, 55.

Der *Spender* (10 *q Ha*) ist haploidmerogonisch (Nachweis durch Eifleckbeobachtung, Furchungsverzögerung und Chromosomenkontrolle). Furchung und Gastrulation verliefen normal. Der Keim wurde zur Implantation in Stückchen aufgeteilt, nachdem seine Gastrulation bis zur Bildung eines mittelgroßen Dotterpfropfes fortgeschritten war.

Das *Implantat* (II, 55) ist ein großes Stück präsumptive Epidermis, dem noch einige Entodermzellen anhaften.

Als *Wirt* diente eine Gastrula mit halbkreisförmigem Urmund. Das Implantat wird in das vordere Blastocoeldach (präsumptive Epidermis) eingefügt.

Während 5 Tagen wurde die Entwicklung des merogonischen Stückes im Wirtsverband verfolgt. Der Wirt erreichte dabei das Stadium der Abb. 15 (GLAESNER: Stadium 29). Das Implantat liegt glatt eingefügt. Es verhält sich ortsgemäß und hat sich zu einem großen Stück ventrale Epidermis entwickelt (*J.Ep.*, punktiert), die sich von der Epidermis des Wirtes einzig durch ihre Vitalfarbe unterscheidet. Ein feiner blauer Schimmer, der sich ventral vom Epidermisimplantat bis in die Aftergegend hinzieht, verrät die Lage des mitverpflanzten merogonischen Entodermmaterials (*J.Ent.*, fein punktiert).

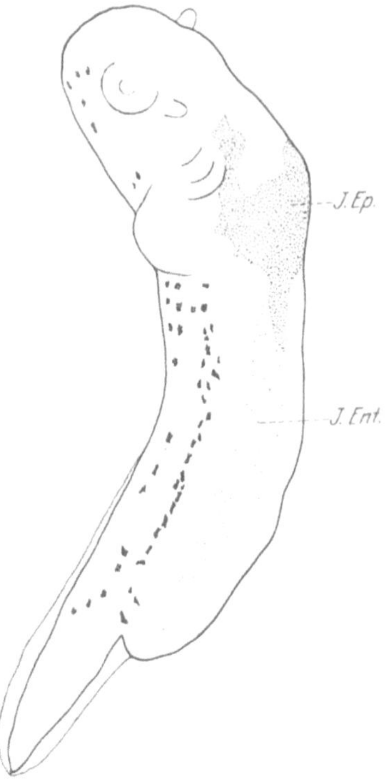

Abb. 15. II,55. Fixierungsstadium (GLAESNER-Stadium 29). Merogonische Epidermis (*J.Ep.*) eng punktiert, merogonisches Entodermmaterial (*J.Ent.*) weit punktiert. Vergr. 20×.

Im abgebildeten Stadium wurde der Wirt fixiert, da eine hydropische Blase über dem Kiemenbuckel die Weiterentwicklung gefährdete.

Schnittuntersuchung: Die ventrale Epidermis des Wirtes ist in diesem Stadium ein dünnes, einschichtiges Pflasterepithel mit abgeplatteten Kernen. Den gleichen Differenzierungsgrad hat auch die bastardmerogonische Epidermis erreicht (Abb. 16). Einzig die gefärbten Pigmentkörner lassen die Grenze (*G*) zwischen Wirts- und Implantatsepidermis erkennen (*W.Ep.,J.Ep.*). Die haploiden Kerne des Implantates sind nicht kleiner als die entsprechenden des Wirtes. Der *Dotterabbau* ist im Implantat ebensoweit fortgeschritten wie im Wirt. Das Implantat zeigt weder Degenerationserscheinungen noch eine Entwicklungshemmung.

Zwischen der Epidermis und dem Entoderm (*Ent.*) finden wir die *Blutzellen* der großen Dottervene in Bildung. Sie wurden zum großen Teil vom Implantatsmaterial geliefert (*J.Bl.*). Die Blutzellen, gebildet aus Wirtsmaterial (*W.Bl.*), haben die gleiche Form. Die entwicklungsgeschichtliche Frage nach der Herkunft· der merogonischen Blutzellen kann hier nicht diskutiert werden. Für unser Problem ist sie belanglos;

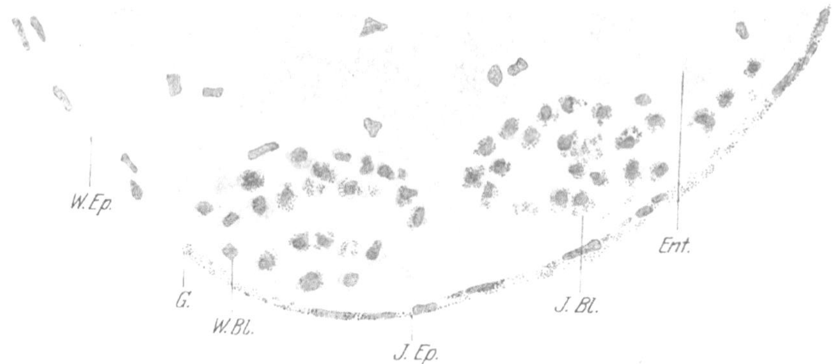

Abb. 16. II,55. Grenze (*G*) zwischen der ventralen Wirts- und Implantatsepidermis (*W.Ep.* und *J.Ep.*). Zwischen Epidermis und Entoderm (*Ent.*): Blutzellen des Wirtes (*W. Bl.*) und des Implantates (*J.Bl*). Das primäre Zellpigment (schwarz) ist nur im Implantat eingezeichnet. Vergr. 220 ×.

es genügt der Nachweis (der durch die Farbkörner gegeben ist), daß sie dem Implantat entstammen und daß somit unser bastardmerogonisches Material zu dieser speziellen Differenzierungsleistung fähig ist.

Fall 2: *II*, 142.

Da es sich bei diesem Keim um dasjenige Implantat handelt, das am weitesten gezüchtet werden konnte, möchte ich auch das *Protokoll der Spenderentwicklung* anführen (S. 517) und besprechen.

Durch diesen Fall wird belegt, was auf S. 514 allgemein über die Beziehung zwischen Furchungsablauf und Chromosomenzahlen ausgesagt wurde. Bemerkenswert ist die Tatsache, daß sich hier ausnahmsweise die Di-Hälfte unregelmäßig entwickelt und daß sich die entsprechende Störung in der Chromosomenkontrolle auch tatsächlich nachweisen ließ. Die Ha-Hälfte, die sich mit charakteristischer Verzögerung regelmäßig furcht, spendet einheitlich haploidmerogonische Implantate (Gruppe I, S. 512).

8. VI. 29	10,20	Bastardierung: Palmatus-Ei (24 c) × Cristatus-Sperma	
8. VI. 29	10,42	Schnürung: in	
		Ha-Hälfte 24 c Ha	Di-Hälfte 24 c Di
8. VI. 29	10,50	—	Eifleck nach der Schnürung deutlich sichtbar.
8. VI. 29	15,50	1. Furche in Bildung, den Dotter noch nicht umfassend	4 Blastomeren von ungleicher Größe, Furchungsverlauf nicht typisch.
	16,15	2 Blastomeren, die 1. Furche verläuft genau in der Mitte.	Übergang zu einem unregelmäßigen 8-Zellenstadium.
8. VI. 29	16,45	2. Furche in Bildung.	8 unregelmäßige Blastomeren.
8. VI. 29	17,20	4 Blastomeren von regelmäßiger Form und Größe.	8 unregelmäßige Blastomeren.
8. VI. 29	17,45	4 Blastomeren von regelmäßiger Form und Größe.	Mehr als 8 Zellen.
8. VI. 29	20,30	Verzögerung gegenüber Di-Hälfte deutlich.	Vorsprung gegenüber Ha-Hälfte deutlich.
10. VI. 29	15,00	Regelmäßige Gastrula mit mittelgroßem Dotterpfropf (Abb. 17).	Als Ganzes fixiert.
		Zur *Implantats*entnahme aufgeteilt, Reststücke fixiert (Abb. 17).	
Ergebnis der Chromosomenkontr. I:		Regelmäßig haploidmerogonisch: 12 Chromosomen mehrmals an 2 verschiedenen Stücken festgestellt.	Unregelmäßige Chromosomenzahlen: Mitosen mit 12, 15, 20 und mehr Chromosomen, 3-polige Teilungen.
Ergebnis der Chromosomenkontr. II:		In den Implantaten II, 139 und II, 142 haploide Platten. (vgl. Abb. 23 S. 521).	

10. VI. 1929 15.00 *Implantation*:

Spender:
Wirt:

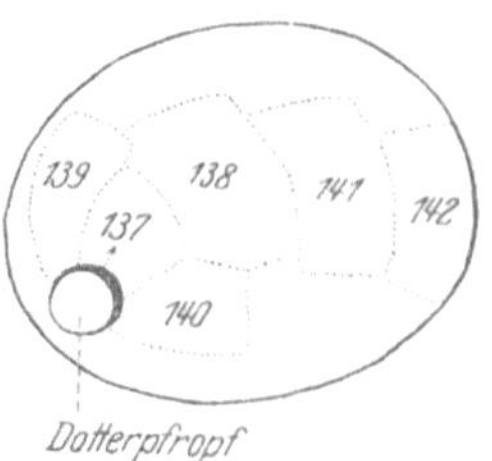

Abb. 17. 24 c Ha, Entnahmeskizze. Der Pfeil
gibt die Richtung der dorsalen Mediane an.

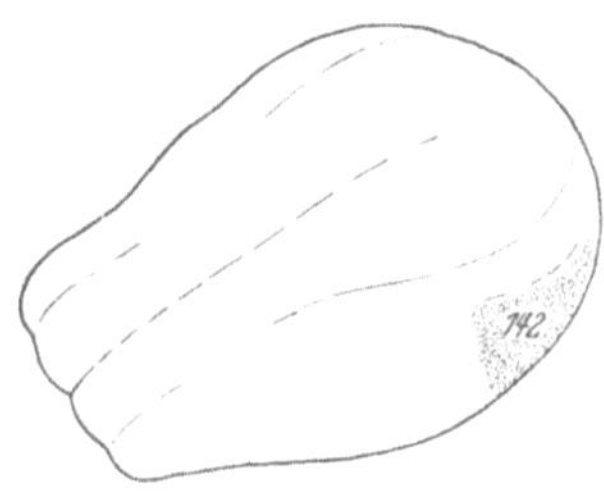

Abb. 18.
Einordnung von Implantat II, 142 im Wirt.

Das Implantat II, 142 ist ein großes Ektodermstück, das seiner Lage nach zur Hauptsache präsumptive Kopfepidermis enthält. Als Wirt muß eine junge *Neurula* verwendet werden (Abb. 18), da gerade keine gleichalten Keime zur Verfügung standen. Das Implantat wird in die präsumptive Epidermis eingesetzt, nachdem vorher ein entsprechendes Stück Wirtsgewebe entfernt worden war. Das Mesoderm des Wirtes blieb unverletzt erhalten.

11. VI. 1929: Der Wirtskeim hat die Medullarwülste geschlossen und die primären Augenblasen vorgewölbt. Das Implantat ist fest eingeheilt, aber stellenweise etwas von der Unterlage erhoben.

13. VI. 1929: Der Wirt entwickelt sich normal weiter. Ein Teil des Implantates ist vorgewölbt (vorn), der andere Teil (hinten und median) ist glatt an die Wirtsepidermis angeschlossen.

21. VI. 1929: *Fixierung*: Der Wirt hat das Stadium 41/42 (GLAESNER) erreicht: Abb. 19, Vorderbein mit drei Zehen, verzweigte Kiemenäste, reichliche Pigmentzellen. Er ist eine kräftige Larve mit normaler Blutzirkulation und energischen Schwimmbewegungen.

Das Implantat läßt sich genau abgrenzen; die Vitalfarbe blieb gut erhalten. Die anfänglich vorgewölbte Partie hat sich nun weitgehend ausgeglichen.

Äußere Untersuchung der lebenden und frisch konservierten Larve. Abb. 19: Bei 90facher Lupenvergrößerung kann die merogonische Epidermis (grün) überall gut gegen die Wirtsepidermis (braun) abgegrenzt werden. Wir können überdies im Implantat zwei Teile unterscheiden. Teil II enthält abnormal viel grünes Pigment und ist von Melanophoren unterlagert; er war während der Entwicklung längere Zeit vorgewölbt (Protokoll oben). Teil I gleicht vollkommen der Wirtsepidermis; von Anfang an hat sich diese Partie epidermal verhalten.

In der Epidermis ist das primäre Zellpigment in dem vorliegenden Entwicklungsstadium nicht mehr diffus verteilt; es erscheint zu kleinen

Pünktchen konzentriert — im Implantat grün (*J.P.*), im Wirt braun (*W.P.*). Neben diesen feinen Pigmentpünktchen finden wir mehrere Pigmentringe, die im Wirt zu deutlichen Reihen geordnet stehen (*W.S.*). Sie sind *auch im Implantat* vorhanden, wenn auch weniger gut geordnet (*J.S.*) und bezeichnen die Lage der *Sinnesknospen der Seitenlinie*.

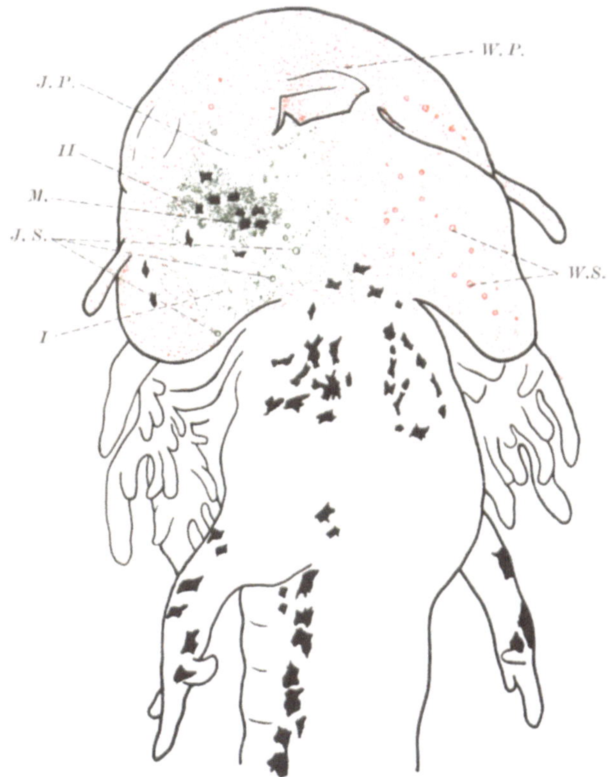

Abb. 19. II, 142. Fixierungsstadium (GLAESNER-Stadium 41/42). Ventralansicht des Wirtes. Primäres Zellpigment zu feinen Pünktchen konzentriert, im Wirt braun (*W.P.*), im Implantat grün (*J.P.*). Sinnesknospen der Seitenlinie als Pigmentkreise erkenntlich (*W.S.* und *J.S.*). *I* normale Implantatsepidermis, *II* aufgeworfener Epidermisbezirk des Implantates. *M* Melanophoren in atypischer Lagerung. Vergr. 32×.

Schnittuntersuchung: Schon die Tatsache war erstaunlich, daß bastardmerogonische Zellen solange am Leben bleiben. Nun beweist die Schnittuntersuchung, daß es sich hier nicht nur um eine bloße Erhaltung, sondern um eine normale Weiterentwicklung der Implantatszellen handelt. Abb. 20 zeigt die Einordnung des Implantates in die Wirtsepidermis. Die Grenzen (*G*) zwischen Wirt und Implantat können auf diesem fortgeschrittenen Stadium auf Grund der Granulafärbung noch sicher festgestellt werden. Der glatte und der aufgeworfene Bezirk (*I* und *II*) des Implantates treten nun auch im Schnitt deutlich hervor.

In Abb. 21 ist der Anschluß des normal erscheinenden Implantatsbezirkes (*I*) an die Wirtsepidermis (*W.E.*) stärker vergrößert. *Zwischen dem Wirt und dem merogonischen Gewebe können keine histologischen Unter-*

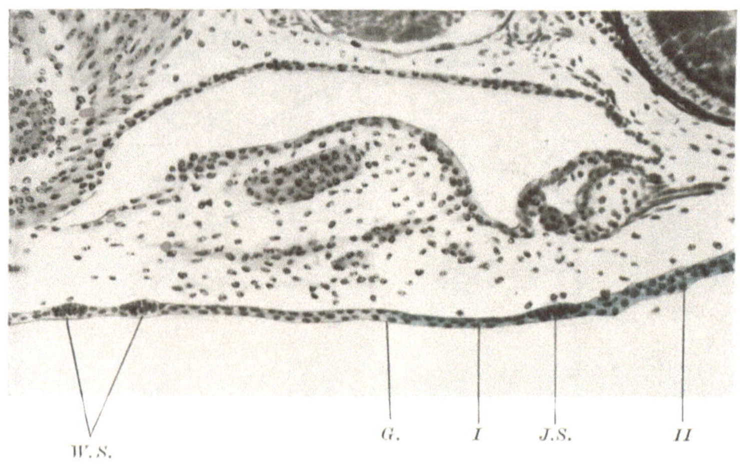

Abb. 20. II, 142.   Einordnung der Implantatsepidermis (grün) in den Wirt.   Normaler Bezirk *I*, aufgeworfener Bezirk *II*. Sinnesknospen des Wirtes (*W.S.*) und des Implantates (*J.S.*) von gleichem Differenzierungsgrad.   Vergr. 100×.

schiede festgestellt werden. Beide sind zweischichtig; die Kerne haben die gleiche Form und Stellung. In beiden Epidermen ist das primäre Zellpigment da und dort um Vakuolen konzentriert. Diese Pigmentvakuolen

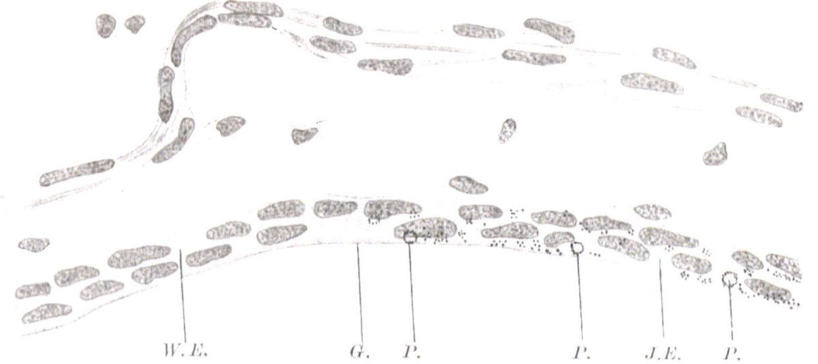

Abb. 21. II, 142.   Grenze (*G*) zwischen Wirtsepidermis (*W.E.*) und Implantatsepidermis (*J.E.*). Das primäre Zellpigment ist nur im Implantat eingezeichnet, Pigmentvakuolen (*P.*). (Nach HADORN, 1930.)

(Abb. 21: *P*, nur im Implantat eingezeichnet) erscheinen im Anschnitt als kleine Bläschen, an deren Peripherie die einzelnen Körnchen dichtgedrängt stehen; sie sind es, die von außen als kleine Einzelpunkte festgestellt wurden (Abb. 19, *J.P.*, *W.P.*). Solche Pigmentvakuolen treten in

der Epidermis erst in Larvenstadien mit sichtbar werdender Vorderbein-
anlage auf. Ihr Vorkommen im Implantat beweist daher, daß die *merogonische Epidermis — wie der Wirt — in fortschreitender Differenzierung*
begriffen ist.

Als weitere Differenzierungsleistung des Implantates konnte nach der
äußeren Untersuchung die *Ausbildung von Sinnesknospen der Seitenlinie*
erwartet werden (Abb. 19, *J.S.*). In den Schnitten finden sich neben zahl-

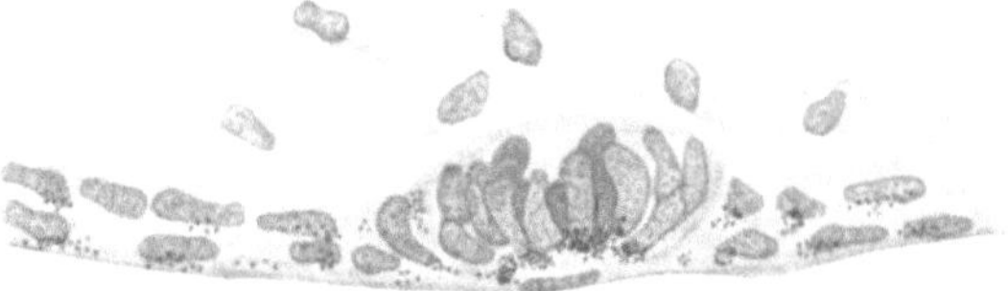

Abb. 22. II, 142. Eine Implantatssinnesknospe der Seitenlinie. (Nach HADORN, 1930.)

reichen Sinnesknospen der Wirtsepidermis auch einige dem Implantat
entstammende. In den Abb. 20 und 22 ist eine dieser Sinnesknospen dargestellt (*J.S.*); im gleichen Schnitt wurden auch zwei Sinnesknospen des
Wirtes getroffen (Abb. 20, *W.S.*). Die Zellgruppierung und Pigmentanordnung, die Kernstellung und Kernform ist in der bastardmerogonischen Sinnesknospe ebenso typisch wie beim Wirte.

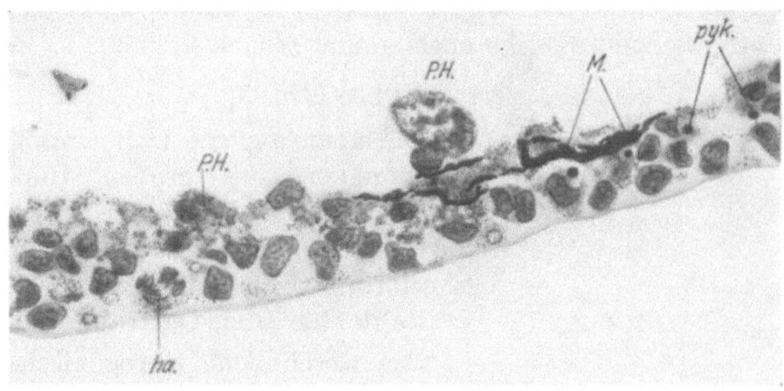

Abb. 23. II, 142. Der atypisch entwickelte, aufgeworfene Implantatsbezirk II. Pigmenthaufen (*P.H.*),
pyknotische Kerne (*pyk.*), Melanophoren (*M.*), haploide Mitose (*ha.*). Vergr. 350×.

Der andere Implantatsteil (*II*), der sich nie recht in die Wirtsent-
wicklung eingefügt hat, ist auch histologisch nicht richtig epidermal ausgebildet (Abb. 23). Das Gewebe ist zu dick und mehrschichtig. Die
Kerne liegen nicht in typischen Reihen, sondern ungeordnet und sind von
rundlicher Form. Dichte Anhäufungen von Pigmentgranulen (*P.H.*)
und einzelne pyknotische Kerne (*pyk.*) müssen als Degenerationserscheinungen gedeutet werden.

Für diese abnormale Entwicklung des einen Implantatsteiles kann aber
nicht die bastardmerogonische Konstitution des Materials verantwort-

lich gemacht werden, da, wie wir sahen, der andere Teil, dessen Zellen dieselbe Konstitution haben, sich zu vollständig normaler Epidermis ausgebildet hat (Abb. 21). Die Entwicklungsstörungen müssen wohl durch eine teilweise Ortsfremdheit des Materials verursacht worden sein, was leicht möglich ist, weil eine streng ortsgemäße Implantation bei dem Altersunterschied zwischen Spender und Wirt (S. 518) ohnehin ausgeschlossen war. Nach F. E. Lehmann (1929, Abb. 23) zeigt Medullarmaterial, das sich in Epidermis atypisch entwickelt, eine analoge histologische Struktur wie die Zellen in unserer Abb. 23.

Eine interessante Leistung zeigt aber auch dieser Implantatsbezirk. Es wurden in einem rein grünen Bereich *Melanophoren* (*M.*) ausgebildet und zwar an einer Stelle, wo sie — wie die Gegenseite zeigt (Abb. 19) — normalerweise vollständig fehlen. Für einzelne dieser Melanophoren konnte nachgewiesen werden, daß sie Abkömmlinge von Implantatszellen sind (gefärbte Pigmentkörnchen im Plasma). Damit ist für das bastardmerogonische Material eine neue Differenzierungsleistung erwiesen. (Nach Holtfreters Untersuchungen [1929, S. 474] ist Melanophorenbildung aus Gastrulaektoderm von *Triton* möglich. Somit hat unser Implantat einen Teil seines normalen Potenzschatzes verwirklicht.)

Im ganzen Implantat, sowohl im normalen, wie auch im abnormalen Bezirk ist der Dotter vollständig abgebaut. Wir kommen auf diese theoretisch interessante Tatsache noch einmal zurück (S. 562).

Fall 3: *II*, 103.

Die ursprüngliche Lage und Materialzugehörigkeit des großen Implantates kann nicht genau angegeben werden, da die Spenderhälfte keine klare Gastrulationsform ausgebildet hatte. Implantiert wurde in eine junge Gastrula.

Das ansehnliche merogonische Ektodermstück gerät zum größten Teil in die rechtsseitige Epidermis der Hörblasengegend (Fixierungsstadium, Abb. 24), nur ein kleiner Teil des Implantates wird zur Medullarwulstbildung verwendet.

Vor allem interessiert hier die Ausbildung der Hörblase. Was geschieht, wenn nur merogonisches Baumaterial zur Verfügung steht?

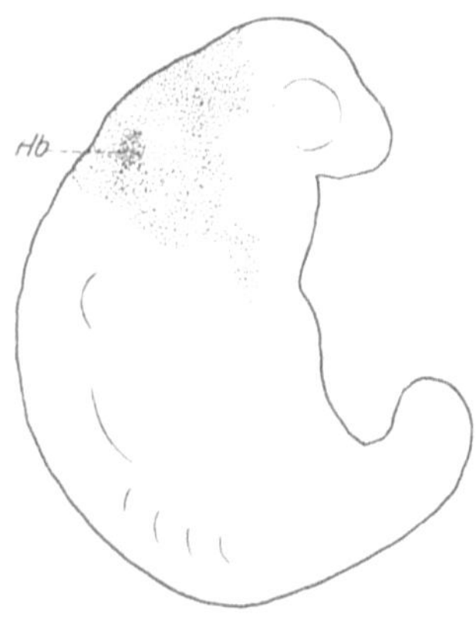

Abb. 24. II, 103. Fixierungsstadium (Glaesner-Stadium 24), Hörblase (*Hb.*). Vergr. 20×.

Äußerlich wurde das Auftreten einer pigmentreichen Stelle festgestellt (Abb. 24, *Hb.*). Im Querschnitt (Abb. 25) finden wir unter einer normalentwickelten merogonischen Epidermis (*J.Ep.*) einen geschlossenen Gewebekomplex (*Hb.*), deutlich abgesondert vom umgebenden

Mesoderm. Die erste Stufe der *Hörblasenbildung*, d. h. die Abgrenzung und Modellierung ist damit erreicht. Alle Kerne im merogonischen Hörblasenmaterial sind gesund. Die Wirtshörblase der Gegenseite zeigt ein deutlicheres Lumen.

Über den Zustand der mesodermalen Umgebung wird in anderem Zusammenhang auf S. 548 berichtet.

In den drei besprochenen Epidermisimplantaten sind die Kerne nicht kleiner als die diploiden des Wirtes (vgl. Abb. 21, S. 520). Dabei ist ihre Haploidität nicht nur durch die Chromosomen der Kontrollstücke bewiesen, sondern auch durch haploide Mitosen, die in den Implantaten selbst untersucht wurden (z. B. haploide Anaphase in *II*, 142, Abb. 23 *ha*).

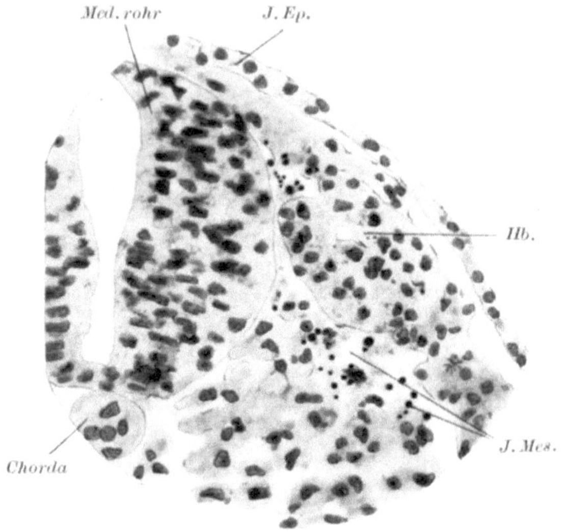

Abb. 25. II, 103. Implantatshörblase (*Hb.* grün) und Implantatsepidermis (*J.Ep.*), Implantatsmesenchym (*J.Mes.*) mit pyknotischen Kernen. Vergr. 180×.

Fall 4: *II*, 102.

Es soll jetzt noch ein haploides Epidermisimplantat abgebildet werden, bei dem gegenüber den Wirtskernen ein deutlicher Größenunterschied besteht.

Wie bei Implantat *II*, 55 (Abb. 15, S. 515) erreicht der Wirt das Stadium 29. Diesmal sitzt aber das Epidermisimplantat dorsal über der Kiemen-Vornierengegend. Der Schnitt (Abb. 26) zeigt, daß die Epidermis der dorsalen Mediane zu einer pathologischen Wucherung verdickt ist, eine Erscheinung, die ich recht oft an einzelnen Stellen der Wirtsepidermen angetroffen habe. In unserem Fall ist zufällig sowohl die Wirts- wie auch die Implantatsepidermis verdickt. Es ist interessant, daß die beiden Gewebe in genau gleicher Weise mißbildet sind. Im übrigen zeigt nun

Abb. 26, daß die Implantatskerne (*J.K.*) deutlich kleiner sind als diejenigen des Wirtes (*W.K.*). Dieser Größenunterschied besteht auch im übrigen Teil des Implantats, wo die Epidermis gesund und von normaler Dicke ist.

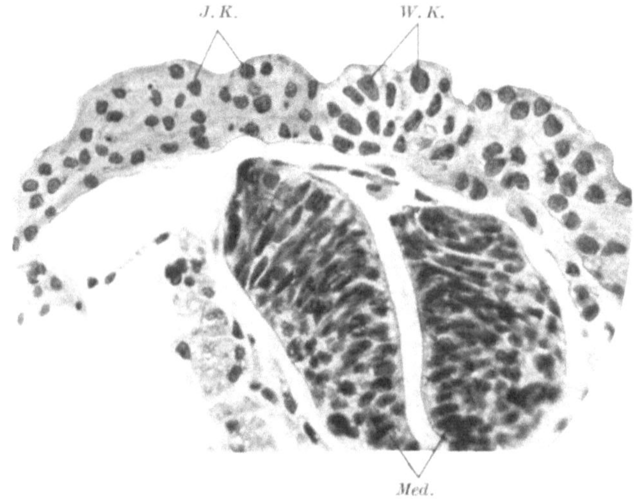

Abb. 26. II,102. Größenunterschied zwischen den Kernen der Wirtsepidermis (*W.K.*) und der Implantatsepidermis (*J.K.*). Die dorsale, über dem Medullarrohr (*Med.*) stehende Epidermis ist pathologisch verdickt. Vergr. 200×.

Übersicht.

In der Tabelle 4 sind alle Epidermisimplantate einzeln aufgeführt und geordnet nach Stadien, in denen sich ihre Wirte im Zeitpunkt der Fixierung befanden. Da die Implantate (mit Ausnahme des besprochenen *II*, 142) alle von Gastrula zu Gastrula übertragen wurden, so entspricht das Alter des Wirtes auch dem der Implantate. Durch die Symbole oooo und ooo●, *die keine genauen Zahlenwerte darstellen sollen*, wird für jeden einzelnen Fall der Gesundheitszustand der bastardmerogonischen Kerne angegeben.

Zusammenfassung.

Die Ergebnisse der Einzeluntersuchung an bastardmerogonischen Epidermisimplantaten (inklusive Blutzellen) können wie folgt zusammengefaßt werden:

1. Sämtliche Implantate sind als intakte Gewebekomplexe erhalten. In keinem Fall wurde Histolyse oder Abstoßung vom Wirtskeim festgestellt.

2. Bei 21 Implantaten sind alle Zellkerne gesund (oooo). Bei drei Implantaten finden sich neben den normalen Kernen einige pyknotisch degenerierte (ooo●).

Tabelle 4. Epidermisimplantate.

Entwicklungsstadium des Wirtes: (Äußere Merkmale)	Nach GLAESNER Stad. Nr.:	Einzelne Implantate. OOOO bedeutet: alle Kerne normal OOO● „ : wenige Kerne pyknotisch
Medullarrohrschluß . . .	17	*I*, 65 OOOO
	18	*I*, 74 *I*, 76[1] OOOO OOOO
Primäre Augenblasen. . .	19	*I*, 67 *I*, 77 *I*, 162 OOOO OOOO OOOO
	20	*I*,92 *I*, 163 OOOO OOOO
	21	*I*, 181 OOOO
Linse sichtbar	24	**II**, 99 **II**, 103 (Abb. 24/25) OOOO OOOO
	26	**II**, 75 OOOO
Stützer (Balancer) Pigment-zellen	28	**II**, 137 **II**, 23 **II**, 29 OOOO OOOO OOOO
Flossensaum	29	*I*, 181 **II**, 28 **II**, 55 (Abb. 15/16) OOO● OOOO OOOO **II**, 80 **II**, 102 (Abb. 26) OOOO OOO●
	30	**II**, 24 *II*, 89 **II**, 122 OOOO OOO● OOOO
3-zehige Vorderextremität.	42	**II**, 142 (Abb. 19—23) OOO●

Total: 24 Implantate.

[1] *fett*: Implantate der Spendergruppe I (S. 512): Merogoniebeweis durch Chromosomenzahlen. Übrige: Spendergruppe II (S. 513).

3. Die bastardmerogonische Epidermis erreicht im Implantat dasselbe Differenzierungsstadium wie der Wirt. Sie kann sich *organspezifisch differenzieren*.

4. Als besondere Differenzierungsleistung aus bastardmerogonischem Material wurde die Ausbildung von *Sinnesknospen* der *Seitenlinie*, sowie einer *Hörblasenanlage* nachgewiesen.

5. Bastardmerogonisches Material besitzt auch die Fähigkeit zu *Blutzellen-* und *Melanophoren*-Bildung.

6. Die Kerngröße der haploiden Epidermisimplantate kann in einzelnen Fällen der Kerngröße des diploiden Wirtes gleichkommen; in anderen Fällen ist ein deutlicher Unterschied vorhanden.

7. Die obere Grenze der Entwicklungsfähigkeit bastardmerogonischer Epidermis konnte noch nicht festgestellt werden. Die älteste bisher erzielte merogonische Epidermis gehört einer Larve mit dreizehiger Vorderextremität an.

2. Das Implantat in der Medullarplatte.

In diesem Abschnitt sollen die Implantate behandelt werden, denen gemäß ihrer Einordnung in den Wirtskeim die Aufgabe zukam, sich zu Gehirnteilen oder Rückenmarksabschnitten zu entwickeln. Gleichzeitig wird das Verhalten der Implantate als Augenblasen- und Ganglienmaterial besprochen.

Einzelfälle.

Fall 1: *I*, 93.

Das Material wird einem merogonischen Keim nach Beendigung der Gastrulation entnommen (Abb. 27). In diesem Stadium ist die Invagination von Kopfdarm und Chorda-Mesoderm soweit fortgeschritten, daß das Ektoderm überall direkt unterschichtet ist. Damit ist die Möglichkeit zur Entnahme zweiblätteriger Implantate gegeben. Das Implan-

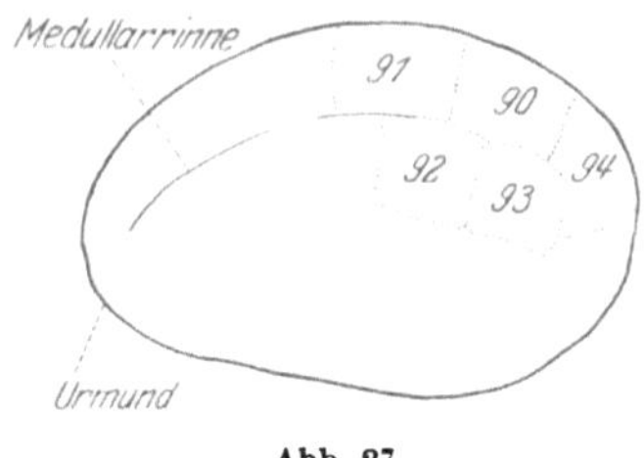

Abb. 27.

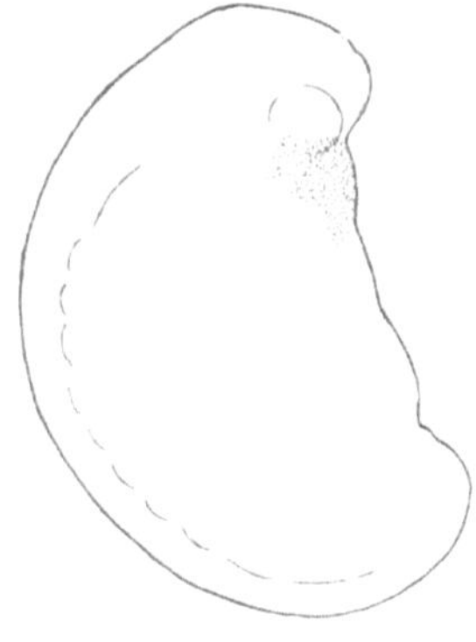

Abb. 27. Spender 30 k Ha. Entnahmeskizze für I, 93. — Abb. 28. I, 93. Fixierungsstadium (GLAESNER - Stadium 21). Das Implantat (punktiert) liegt im Innern und ist von der Epidermis des Wirtes bedeckt. Vergr. 20 ×.

Abb. 28.

tat *I*, 93 enthält unter dem präsumptiven Medullarektoderm als zweite Schicht einen Ausschnitt aus dem Kopfdarmdach (Mesentoderm). Aus dem Wirtskeim, der sich im gleichen Stadium befindet, wird ebenfalls ein doppelschichtiges Stück herausgeschnitten. In das entstandene „Fénster" wird das Implantat in genau ortsgemäßer Orientierung eingefügt.

Die Entwicklung des Wirtes verläuft ungestört. Die Medullarwülste schließen sich auch über dem vom Implantat besetzten Teil der Medullarplatte unbehindert; dabei werden die gefärbten Zellen vollständig ins Keiminnere verlagert.

Abb. 28 stellt den Wirt im Zeitpunkt der Fixierung dar. Augenblasen und Ursegmente treten deutlich hervor. Das Implantat (punktiert) — obschon von der Epidermis des Wirtes bedeckt — ist deutlich sichtbar; es scheint an der Augenblasenbildung beteiligt zu sein.

Bei der Schnittuntersuchung (Abb. 29) finden wir den medullaren Anteil des Implantates zum Teil im Zwischenhirnboden, zum Teil im Material der rechten Augenblase. Der abgebildete Schnitt verläuft etwas schief; er trifft die linke Augenblase in voller Breite (*W.Aug.bl.*) und schneidet von der rechten (*J.Aug.bl.*) den vom Implantat besetzten hinteren Rand ab. Der Anschluß an die medullaren Gewebe des Wirtes ist vollständig gelungen. Die Abgrenzung gegen das Hirnlumen und gegen das umgebende Mesenchym ist sauber, die äußere Formbildung also normal medullarmäßig.

Aber auch in Bezug auf histologische Einzelheiten sind die bastardmerogonischen Zellen zu normalen Medullarzellen entwickelt, wie ein Vergleich mit dem gleichalten Wirtsgewebe zeigt. In Abb. 11, S. 509

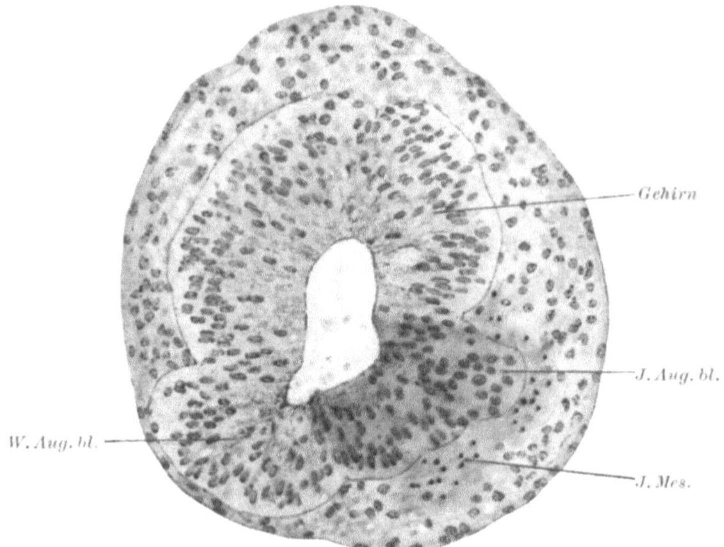

Abb. 29. **I, 93.** Das Implantat hat Anteil am Gehirnboden und an der rechten Augenblase (*J.Aug.bl.*). Das vom Implantat gelieferte Kopfmesenchym (*J.Mes.*) ist kernpyknotisch. **Vergr. 110×.**

wurde die mediane Anschlußstelle an den Wirt in starker Vergrößerung dargestellt. Die Kerne sind im Implantat (*J.Med.K.*) alle gesund, sie sind ebenfalls länglich gestreckt und haben die für Medullargewebe charakteristisch abgestutzten Enden. Das primäre Zellpigment ist gegen das Medullarrohrlumen hin konzentriert.

Wie bei vielen Epidermisimplantaten (S. 523) sind auch hier trotz der Unterschiede in den Chromosomenzahlen die Implantatskerne auf keinen Fall kleiner als die Wirtskerne.

Das Verhalten der merogonischen Zellen, die im Kopfmesenchym (*J.Mes.*) liegen, wird in Abschnitt 6 (S. 547) besprochen.

Fall 2: *II*, 110.

Der Spender ist eine sehr schöne Gastrula mit mittelgroßem Dotterpfropf (Abb. 30). Das Ektoderm von Implantat *II*, 110 ist bereits unter-

lagert. Es wird ein zweiblätteriges Stück einer gleichalten Gastrula ortsgemäß eingefügt. 24 Stunden nach der Implantation sind im Wirt die
Medullarwülste sichtbar (Abb. 31). Im Gehirnbezirk der Medullarplatte
sitzt völlig glatt eingefügt das Implantat (punktiert). Der hintere Rand des
ursprünglich rechteckigen Stückes ist caudal stark in die Länge gezogen.
Das innere Blatt des gefärbten Gewebes dagegen hat sich in entgegen-
gesetzter Richtung verschoben, so daß es jetzt teilweise unter dem vordersten Teil der Medullarplatte liegt (schwach punktiert) und vom Wirts-

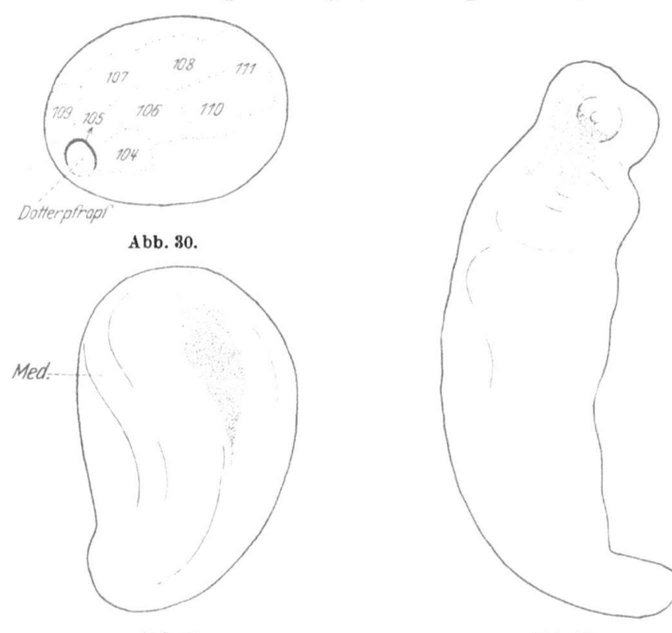

Abb. 30.

Abb. 31. Abb. 32.

Abb. 30. Spender 17 f Ha. Entnahmeskizze für II,110. — Abb. 31. II,110. 24 Stunden nach der
Implantation: die Medullarwülste des Wirtes (*Med.*) sind eben sichtbar. Das Implantat liegt im
Gehirnteil der Medullarplatte. Medullarer Anteil: dicht punktiert. Kopfdarmdachanteil innen:
fein punktiert. Vergr. 20 ×. — Abb. 32. II, 110. Fixierungsstadium (GLAESNER-Stadium 26). Das
Implantat liegt im Innern. Vergr. 20 ×.

gewebe bedeckt wird. Beide Schichten haben damit die normalen Orts-
bewegungen ausgeführt (caudale Streckung der Medullarplatte, craniale
Vorwanderung des Kopfdarmdaches). Die weitere Entwicklung verlief
normal. Bis zur Fixierung erreichte der Wirt das Stadium der Abb. 32
(flacher Kiemenbuckel). Die merogonischen Gewebe liegen jetzt völlig im
Inneren.

Schnittbefund (Abb. 33): Das Implantat ist am Aufbau von Gehirnteilen (*J.Geh.*) beteiligt. Es liefert ferner ein großes Stück der rechten
Augenblase (*J.Aug.bl.*) sowie Ganglienmaterial (*J.Gangl.*). Der Schnitt
verläuft schief; die das Implantat enthaltende rechte Augenblase ist
nicht kleiner und ebensogut entwickelt wie die in voller Breite getroffene

linke (*W.Aug.bl.*). Die Formbildungsaufgaben der Nervengewebe dieses reichgegliederten Bezirks werden, abgesehen von einigen Massendefekten, von den merogonischen Zellen normal gelöst. Ebenso normal ist ihre histologische Differenzierung. Die Zellkerne sind gesund, ihre Stellung und Form ist typisch. Sie sind nicht kleiner als die entsprechenden nichtmerogonischen Kerne. Über die Entwicklung des Implantates im Kopfmesenchym wird auf S. 547 berichtet.

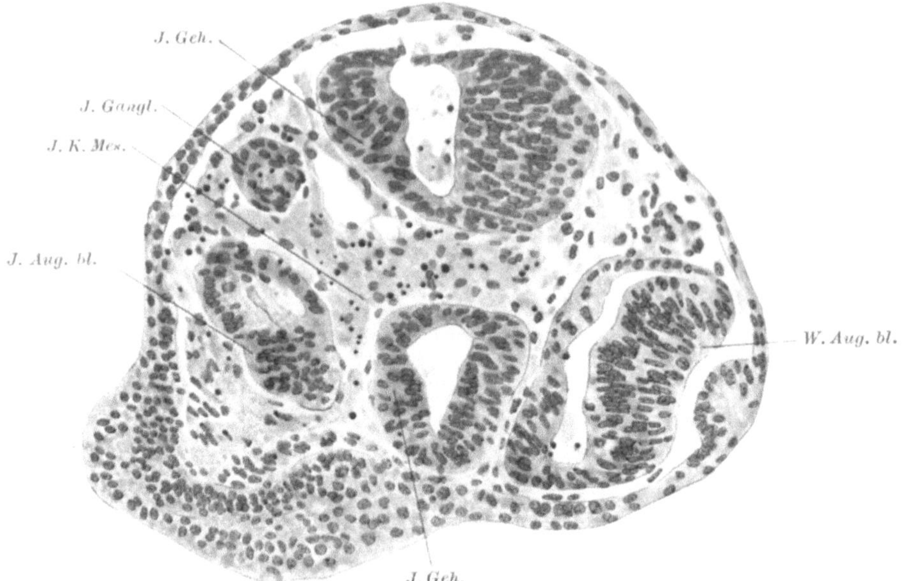

Abb. 33. II,110. Schnitt durch die Kopfregion. Das Implantat ist beteiligt am Aufbau von Gehirnteilen (*J.Geh.*), der rechten Augenblase (*J.Aug.bl.*) und eines Ganglions (*J.Gangl.*). Soweit das merogonische Material im Kopfmesenchym (*J.K.Mes.*) liegt, ist es stark kernpyknotisch. Vergr. 130 ✕.

Fall 3: *II*, 113.

Die Vorgeschichte dieses Medullarimplantates entspricht völlig der soeben für *II*, 110 beschriebenen. Die Wirtslarve hat bis zur Fixierung Stützer, Kiemenwülste, Pigmentzellen und einen Flossensaum ausgebildet (Abb. 34). Wiederum sind einzelne Partien des Gehirns dieser Larve merogonischer Herkunft. Das histologische Verhalten beweist, daß die Entwicklung bastardmerogonischer Medullarzellen bis in das vorliegende, relativ hohe Stadium normal verlaufen kann. Irgendwelche histologische Unterschiede gegenüber den Gehirnzellen des Wirtes bestehen nicht (Abb. 35).

Fall 4: *II*, 141.

Hier wurden die bastardmerogonischen Medullarzellen noch weiter gezüchtet. Der Wirt wurde fixiert nach Erreichung von GLAESNER-

Stadium 32. Er ist in Tabelle 3, S. 502, Abb. 9 eingezeichnet: Stützer, Kiemenstummel, Vorderbeinbuckel, Flossensaum usw. Die Implantatszellen, soweit sie im Gehirn eingeordnet sind, zeigen normale, medullarmäßige Formbildung, so daß man annehmen darf, daß sie noch zu weiterer Entwicklung fähig wären. Einzelne wenige Zellkerne sind pyknotisch (Tabelle 5).

Fall 5: *II,* 116.

Fixierungsstadium: Abb. 40, S. 534, Schnitt: Abb. 41.

Die linke Hälfte des Rückenmarkes (im Schnitt seitenverkehrt) besteht zum großen Teil aus merogonischen Zellen (Abb. 41 *J.Rm.*); sie sind in jeder Beziehung normal und medullarmäßig differenziert.

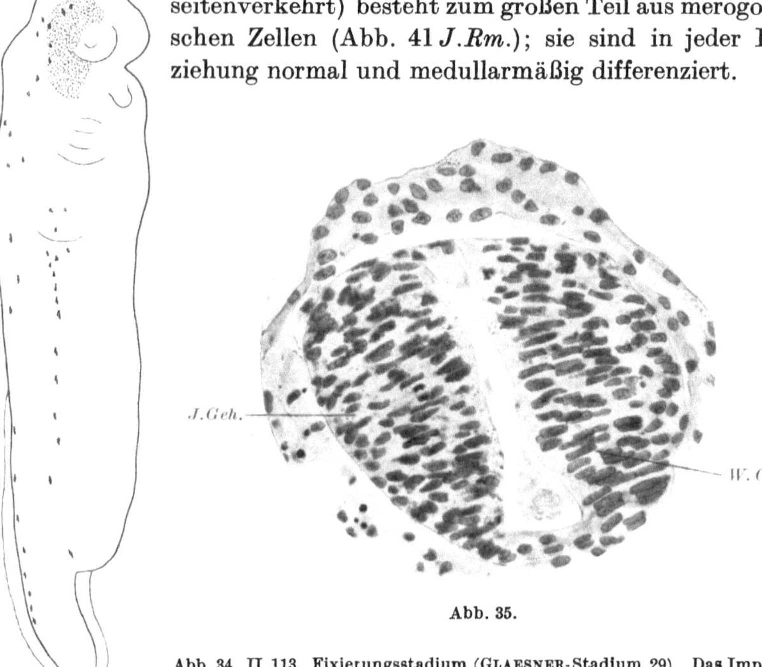

Abb. 35.

Abb. 34. II, 113. Fixierungsstadium (GLAESNER-Stadium 29). Das Implantat liegt im Innern. Vergr. 20×. — Abb. 35. II, 113. Das Implantat ist beteiligt am Aufbau des Gehirns (*J. Geh.*) und ist sehr schön in das Wirtsgehirn (*W. Geh.*) eingefügt. Vergr. 150×.

Abb. 34.

Übersicht.

Die *übrigen Medullarimplantate* bestätigen in gleicher Weise die gute Entwicklungsfähigkeit, die dem bastardmerogonischen Medullarmaterial innewohnt. Die folgende Zusammenstellung (Tabelle 5) gibt eine Übersicht über die von den Wirten erreichten Entwicklungsstadien, sowie über das Vorkommen von pyknotisch degenerierten Kernen in den merogonischen Zellverbänden.

Wie bei den Epidermisimplantaten können auch hier die merogonischen Zellen der Entwicklung der Wirte folgen, so daß die in der Tabelle 5 angegebenen Stadien, soweit die morphologischen Charaktere reichen, auch ein Maß für das Differenzierungsalter der Implantate sind.

Die Ausbildung von Nervenfasern konnte in keinem der Fälle nachgewiesen werden, da die Medullarimplantate zu wenig weit gezüchtet wurden, oder weil die durch die Vitalfärbung geforderte Technik den Nachweis einzelner weniger Fasern überhaupt erschwert.

Tabelle 5. Medullar-Implantate (einschließlich Augenblasen, Ganglien).

Entwicklungsstadium des Wirtes: Äußere Merkmale	Nach GLAESNER Stad. Nr.:	Einzelne Implantate oooo bedeutet: alle Kerne normal ooo● „ : wenig Kerne pyknotisch
Medullarrohrschluß . . .	17	*I,* 60 *I,* 65 oooo oooo
	18	*I,* 44 *I,* 58 *I,*62 *I,* 76 oooo oooo oooo oooo
Primäre Augenblasen. . .	19	*I,* 67 *I,* 162 oooo oooo
	20	*I,* 66 *I,* 92 I, 145 *I,* 146 oooo oooo oooo oooo
	21	*I,* 93 (Abb. 27/29) *I,* 94 oooo oooo
		I, 149 *I,* 165 *II,* 106 oooo ooo● ooo●
	23	*I,* 80 *II,* 30 oooo ooo●
Linse sichtbar	24	*II,* 58 *II,* 103 *II,* 111 *II,* 121 ooo● oooo ooo● ooo●
	25	*II,* 96 *II,* 104 oooo oooo
	26	*I,* 148 *II,* 75 *II,* 69 *II,* 101 ooo● oooo ooo● oooo
		II, 110 (Abb. 32/33) oooo
Stützer, Pigmentzellen . .	27	*II,* 27 *II,* 70 oooo oooo
Flossensaum	29	*I,* 181 *II,* 113 (Abb. 34/35) oooo oooo
		II, 116 (Abb. 41) oooo
3 Kiemenfäden Vorderbeinknospe	32	*II,* 141 (Abb. 9) ooo●

Total: 36 Implantate.

Fett: Implantate der Spendergruppe I (S. 512): Merogoniebeweis durch Chromosomenzahlen. Übrige: Spendergruppe II (S. 513).

Die Tabelle 5 zeigt, daß pyknotisch degenerierte Kerne etwas häufiger nachgewiesen wurden als bei Epidermisimplantaten (Tabelle 4).

Zusammenfassung.

1. In bastardmerogonischen Implantaten kann die Formung von Gehirnteilen und Rückenmarksabschnitten, von Augenblasen und Ganglien normal verlaufen.

2. In diesen Organen sind die merogonischen Zellen auch histologisch, d. h. in Bezug auf Kernform, Kernstellung, Zellform und Pigmentanordnung typisch differenziert.

3. Es konnte noch nicht entschieden werden, ob die Ausbildung von Nervenfasern möglich ist.

4. In 27 Implantaten blieben alle Kerne gesund (oooo), in 9 Implantaten wurde eine schwache Durchmischung mit pyknotischen Elementen angetroffen (ooo●).

5. Die bastardmerogonischen Medullarkerne sind in den untersuchten Stadien *stets* von gleicher Größe wie die angrenzenden Kerne der diploiden Gewebe.

6. Das älteste der untersuchten Implantate gehört einer Larve mit Kiemenstummeln und Vorderbeinknospe an (GLAESNER-Stadium 32). Damit scheint die obere Grenze der Entwicklungsfähigkeit noch nicht erreicht.

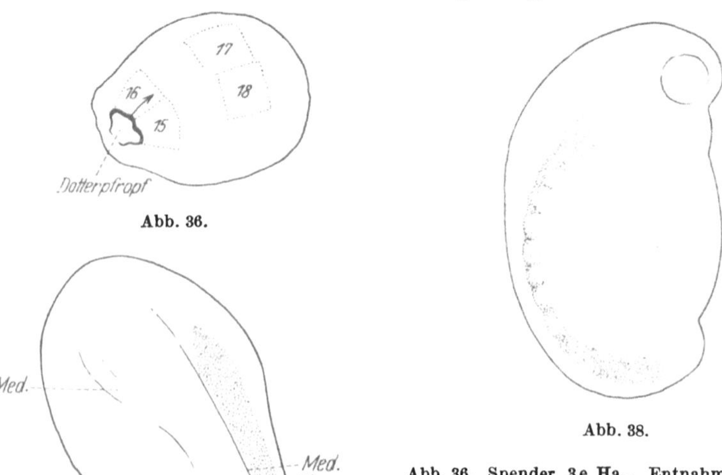

Abb. 36.

Abb. 37.

Abb. 38.

Abb. 36. Spender 3 e Ha., Entnahmeskizze für II, 15. — Abb. 37. II, 15. 24 Stunden nach der Implantation; Medullarplatte (*Med.*) schwach umrandet, Implantat vollständig invaginiert. Vergr. 20 ×. — Abb. 38. II, 15. Fixierungsstadium (GLAESNER-Stadium 20), Aufteilung des Implantates in Ursegmente. Vergr. 20 ×.

3. Das Implantat in den Ursegmenten.

Einzelfälle.

Fall 1: *II*, 15.

Aus der Entnahmeskizze (Abb. 36) wird die Lage des Implantates in der Spendergastrula ersichtlich. Es handelt sich hier um Urdarmdachmaterial, das noch oberflächlich am oberen Urmundrand einer etwas mißbildeten Gastrula liegt. Die Einordnung in den Wirt geschieht — nachdem ein entsprechendes Urmundlippenstück entfernt wurde — ortsgemäß, d. h. direkt an den sichelförmigen Urmundrand.

Mit der allgemeinen Invagination verschwindet auch das Implantat im Inneren des Wirtskeimes. 24 Stunden nach der Operation steht der Wirt auf dem Stadium mit Rückenrinne und schwach umrandeter Medullarplatte (Abb. 37). Unser Implantat ist stark in die Länge gezogen und unterschichtet als Urdarmdachteil einen beträchtlichen Bezirk der Medullarplatte. Für die weitere Entwicklung stellt sich nun die Frage: wird auch in bastardmerogonischem Material eine Aufteilung in Ursegmente erfolgen?

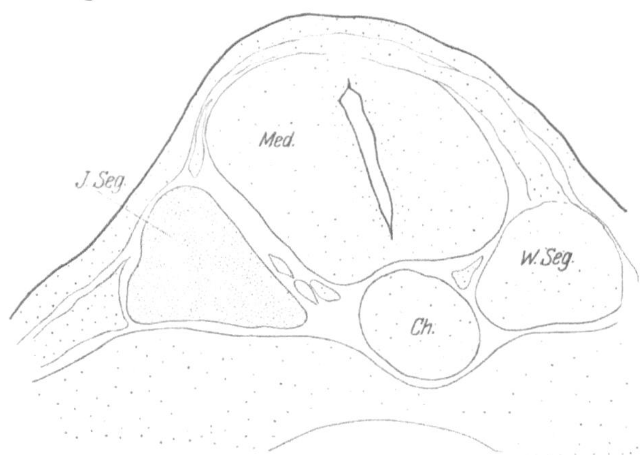

Abb. 39. II, 15. Formung des Implantatsmaterials zu normalen Ursegmenten (*J.Seg.*); Organe des Wirtes: Medullarrohr (*Med.*), Chorda (*Ch*), Ursegment (*W.Seg.*). Vergr. 150 ×.

Wie Abb. 38 zeigt, geschieht dies in völlig normaler Weise. Die einzelnen Segmente heben sich dank ihrer Färbung besonders deutlich von der Umgebung ab. Bei der Schnittuntersuchung finden wir, daß die Aussonderung der Ursegmente auch auf dem vom Implantat besetzten Teil des Urdarmdaches erfolgt ist (Abb. 39). Eine solche normale Segmentierung invaginierter Implantate wurde in zahlreichen Fällen beobachtet. Damit hat das bastardmerogonische Mesoderm einen wesentlichen Schritt für die Organbildung ausgeführt.

Fall 2: *II*, 116.

Ältere Implantate müssen uns Aufschluß geben, ob sich das merogonische Material spezifisch histologisch differenziert, d. h. ob die Ausbildung von Muskelfibrillen möglich ist.

Aus dem Spender (18 z *Ha.*) wurden auf S. 513, Abb. 14 vier haploide Mitosen abgebildet. Die Implantation eines Stückes aus der oberen Ur-

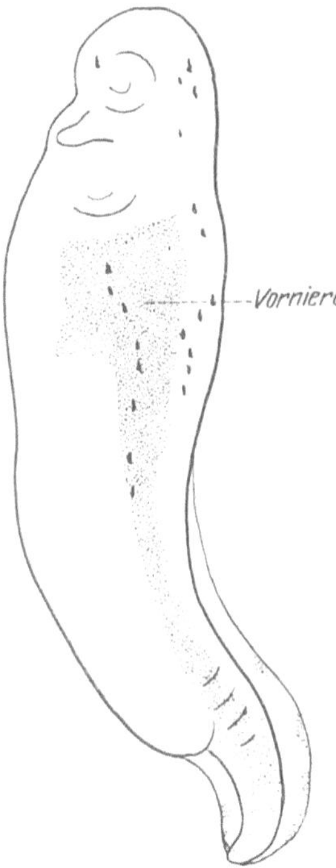

mundlippe erfolgte auf einem etwas älteren Gastrulationsstadium als im eben beschriebenen Fall der Abb. 36, was zur Folge hatte, daß nicht mehr das ganze Implantat invaginierte, sondern daß ein beträchtlicher Teil oberflächlich in der hinteren Medullarplatte liegen blieb. Die Entwicklung des Wirtes wurde durch das große Implantat nicht gestört. Die operierte Larve wurde bis zum Stadium der Abb. 40 gezüchtet (Stützer, Pigmentzellen, Flossensaum). Das gefärbte Material zieht sich von der Vornierengegend bis zur Schwanzspitze. Wir betrachten einen Querschnitt (Abb. 41), der etwas caudalwärts der Vornierenanlage durchführt. Das ganze linksseitige Myotom (*J.Myot.*) ist aus merogonischem Material gebildet. Die Kerne sind gesund und von gleicher Größe, wie die diploiden der Gegenseite. Der

Abb. 40. II, 116. Fixierungsstadium (GLAESNER-Stadium 29), das Implantat ist invaginiertes Material. Vergr. 20 ✕.

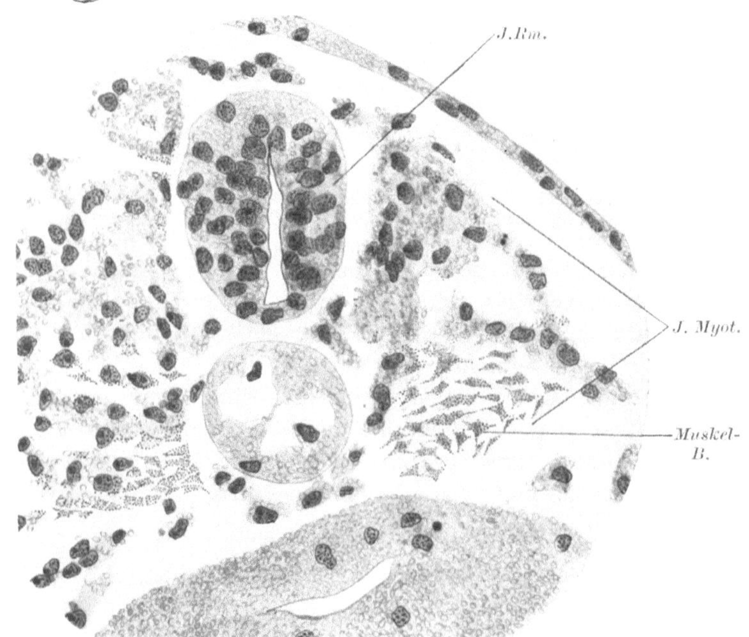

Abb. 41. II, 116. Differenzierung eines ganzen merogonischen Myotoms (*J.Myot.*) sowie einer merogonischen Rückenmarkshälfte (*J.Rm.*). Der unterste Teil des Myotoms ist bereits in einzelne Muskelbündel (*Muskel-B.*) aufgeteilt. Vergr. 240 ✕.

untere Teil des Myotoms ist deutlich in einzelne Bündel aufgeteilt (*Muskel-B.*), in denen die Dotterkörner fast völlig verschwunden sind. Im Plasma dieser Muskelzellen läßt sich eine feine Punktierung feststellen — hier entstehen die ersten Muskelfibrillen.

Wie auf S. 530 bereits angeführt wurde, ist neben dem Myotom auch ein beträchtlicher Teil des Medullarrohres (*J.Rm.*) aus merogonischem Material aufgebaut.

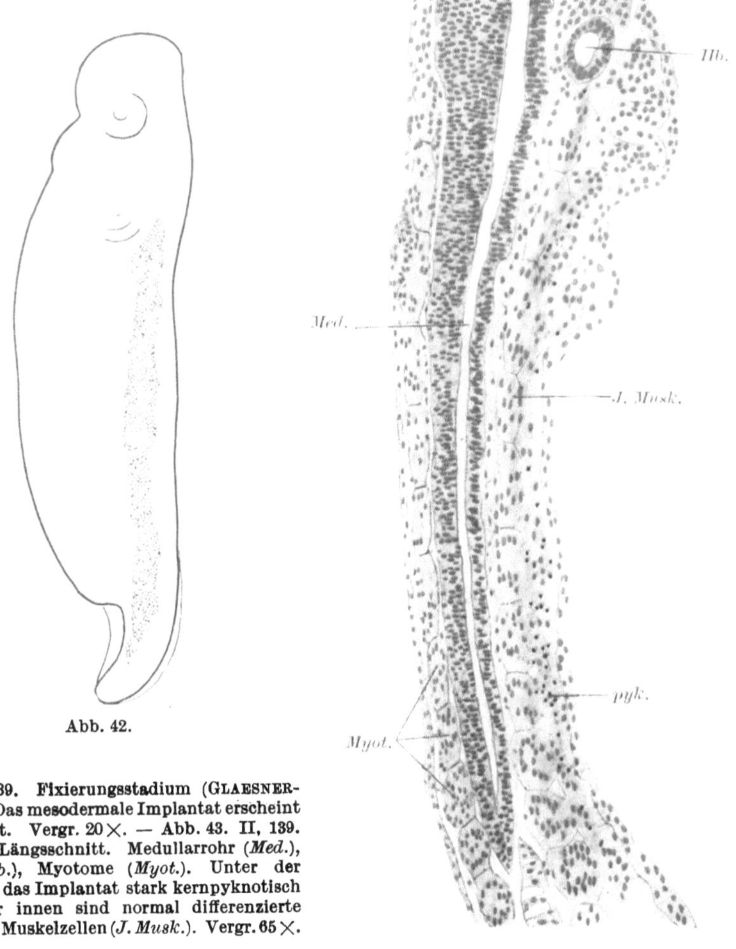

Abb. 42.

Abb. 42. II, 139. Fixierungsstadium (GLAESNER-Stadium 28). Das mesodermale Implantat erscheint etwas zerfetzt. Vergr. 20×. — Abb. 43. II, 139. Horizontaler Längsschnitt. Medullarrohr (*Med.*), Hörblase (*Hb.*), Myotome (*Myot.*). Unter der Epidermis ist das Implantat stark kernpyknotisch (*pyk.*), weiter innen sind normal differenzierte merogonische Muskelzellen (*J. Musk.*). Vergr. 65×.

Abb. 43.

Fall 3: *II*, 139.

Das Implantat stammt aus dem auf S. 518 ausführlich besprochenen Merogon 24 c *Ha*. Entnahmeskizze: Abb. 17. Der Wirt stand auf dem gleichen Gastrulationsstadium wie der Spender. Das ganze Implantat invaginierte und wurde später in sehr schöne Segmente aufgeteilt. Im

Stadium des dreistreifigen Kiemenbuckels dagegen verwischten sich die Myotomgrenzen auf der Implantatsseite und das gefärbte Material erschien jetzt ungeordnet und zerfetzt verteilt (Abb. 42). Ich mußte daraus auf eine innere Auflösung im merogonischen Bereich schließen. In diesem Zustand wird die Larve konserviert.

Ein horizontaler Längsschnitt, der etwas geneigt, die Implantatsseite in einer tieferen Gegend trifft als die Wirtsseite, ist in Abb. 43 dargestellt. Das Implantat liegt im Gebiet der linksseitigen Muskulatur und reicht von der Hörblase (*Hb.*) bis in den Schwanz hinein. Direkt unter der Epidermis finden wir die merogonischen Zellen aus dem Verband ge-

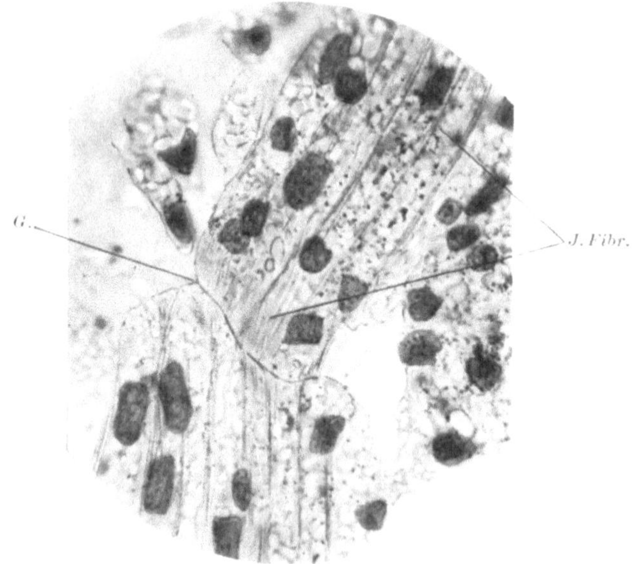

Abb. 44. II, 139. Grenze (*G*) zwischen zwei, halb aus Wirts-, halb aus Implantatszellen zusammengesetzten Myotomen. Fibrillenbildung auch im Implantat (*J. Fibr.*). Vergr. 450 ×.

löst; die Mehrzahl von ihnen führt pyknotische Kerne (*pyk.* in der Abb. 43 als tiefschwarze Punkte erkenntlich). Weiter innen, in den axialen Teilen der Myotome sind die Zellkerne *größtenteils* gesund. Hier finden sich charakteristische Muskelzellen von langgestreckter Form mit längsgestellten Kernen (*J.Musk.*).

In Abb. 44 ist eine Myotomgrenze (*Gr.*) in starker Vergrößerung wiedergegeben. Sowohl im Wirt wie *auch im Implantat können längsverlaufende Muskelfibrillen* (*J.Fibr.*) festgestellt werden. Besonders deutlich sind sie beidseitig der Segmentgrenzen zu erkennen, weil hier der Dotter fast völlig verschwunden ist.

Die äußerlich sichtbare Zerfetzung des gefärbten Materials hat ihren Grund in der zytologischen Degeneration der *peripher* liegenden Zellen;

der Unterschied gegenüber dem noch normal aussehenden „inneren" Mesoderm ist auffallend. Allerdings hat auch hier das Implantat nicht völlig die Differenzierungshöhe der gleichalten angrenzenden Wirtszellen erreicht: Die Muskelfibrillenbildung ist spärlicher und der Dotterabbau etwas weniger weit gediehen. Alles in allem scheint dieses Implantat an der oberen Grenze seiner Leistungsfähigkeit zu stehen. *Es beweist immerhin die wichtige Tatsache, daß in bastardmerogonischem Material die Ausbildung von fibrillenführenden Muskelzellen möglich ist.*

Zwei Mitosen, die im Implantatsgebiet ausgezählt werden konnten, erwiesen sich als haploid (12 Chromosomen). Zum ersten Chromosomenbeweis, der sich auf die Untersuchung der Reststücke der Spendergastrula stützt, kommt hier noch der direkte, zweite im weiterentwickelten Implantat selbst.

Fall 4: *II*, 68.

Diesmal steht der Spender am Ende der Gastrulation und hat einen bereits schlitzförmigen Urmund. Die beiden Implantate *II*, 68 und 69 sind doppelschichtige Umschlagsränder der oberen Urmundlippe (Entnahmeskizze, Abb. 45).

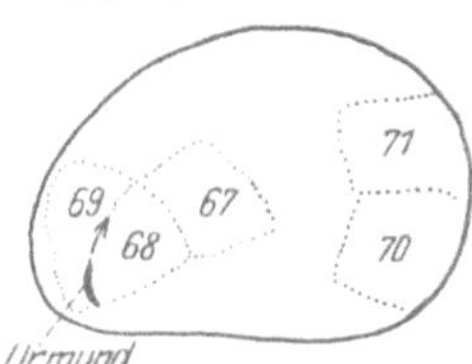

Abb. 45. Spender 12 d Ha. Entnahmeskizze. Der Urmund ist bereits eine Längsspalte.

Die Implantation erfolgte in einen gleichalten Wirt ortsgemäß, d. h. ebenfalls in die rechte obere Urmundlippe. Abb. 46 zeigt die Lage des Implantates nach 5tägiger Entwicklung im Wirt. Die Segmentierung des farbig durchschimmernden Implantates ist sehr deutlich. Die Larve sieht vollkommen normal aus und schwimmt bereits frei und lebhaft in der Zuchtschale herum; dabei erfolgen die Kontraktionen der Längsmuskulatur beidseitig gleichmäßig. Nach weiteren vier Tagen wird die Larve konserviert; sie hat unterdessen einen ansehnlichen Vorderbeinstummel angelegt und die äußeren Kiemenfäden bis zur beginnenden Verzweigung entwickelt (GLAESNER-Stadium 34).

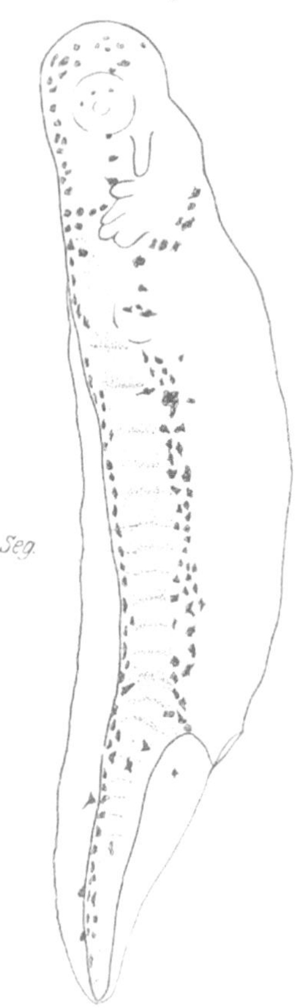

Abb. 46. II, 68. 4 Tage vor der Fixierung. Das mesodermale Implantat (fein punktiert) erscheint sehr schön segmentiert (*Seg.*). Vergr. 20×.

35*

Im Schnitt (Abb. 47) finden wir einen langen Streifen merogonische Muskulatur im axialen (chordanahen) Teil der rechtsseitigen Myotome. Diese Muskulatur ist wieder, wie schon für den obigen Fall beschrieben wurde, in ihrer Entwicklung gegenüber den Geweben des Wirtes etwas zurück. Der Gehalt an Dotterkörnen (*Do.*) ist entschieden größer. Die einzelnen Muskelbündel sind nicht in dem Maße gesondert und geordnet wie auf der Wirtsseite (*W.Musk.b.*). Einzelne Zellkerne sind pyknotisch

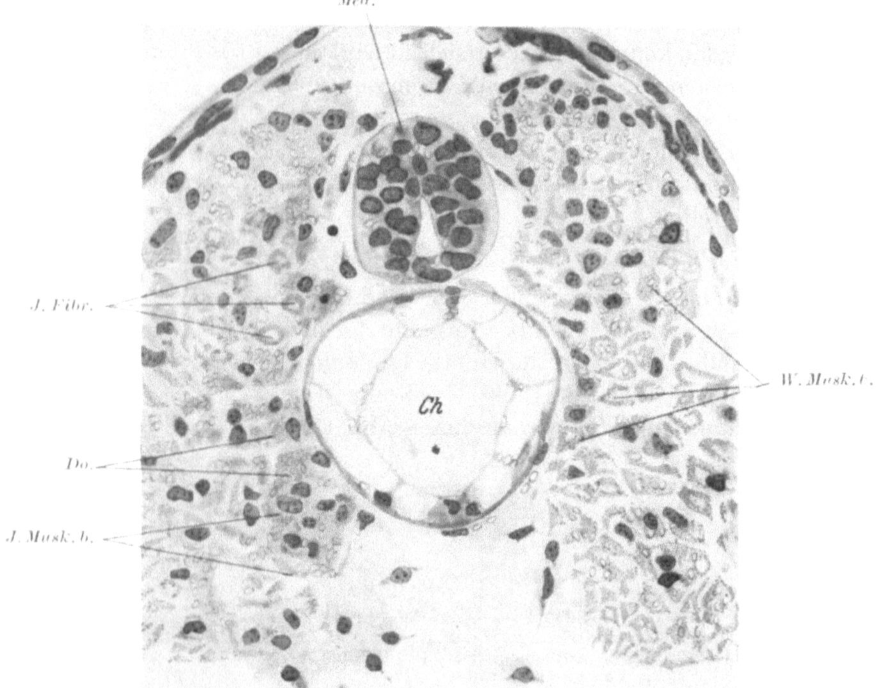

Abb. 47. II, 68. , Querschnitt durch die Körpermitte. Implantatsmuskulatur (*J.Musk.b.*) in Bündel aufgeteilt mit einzelnen schönen Fibrillenkränzen (*J.Fibr.*). Der Dottergehalt (*Do.*) ist im Implantat größer als in der Wirtsmuskulatur (*W.Musk.b.*). Medullarrohr (*Med.*). Chorda (*Ch.*). Vergr. 270 ×.

und können nur noch als äußerst kleine Chromatintröpfchen erkannt werden.

Aber auch hier können im ganzen Implantatsgebiet die Querschnitte von Muskelfibrillen festgestellt werden. Diese Fibrillen entstehen kranzartig an der Peripherie des Muskelzellplasmas. Im Implantat sind regelmäßige „Fibrillenkränze" (*J.Fibr.*) seltener als im Wirt.

Übersicht.

Die Tabelle 6 gibt einen Überblick über alle der Ursegmentregion angehörenden Implantate.

Tabelle 6. Ursegmentimplantate.

Entwicklungsstadium des Wirtes: Äußere Merkmale	Nach GLAESNER Stad. Nr.:	Einzelne Implantate ○○○○ bedeutet: alle Kerne normal ○○○● „ : wenige Kerne pyknotisch ○○●● „ : viele „ „
Primäre Augenblasen 6 Ur-wirbel	20	*II*, 9 *II*, 15 (Abb. 38/39) ○○○● ○○○●
	22	*II*, 16 *II*, 49 ○○○○ ○○○●
Linse sichtbar 15 Urwirbel	24	*II*, 52 ○○○●
	25	*II*, 104 ○○●●
	26	*II*, 69 *II*, 105 ○○○● ○○○○
Stützer, Pigmentzellen . .	27	*II*, 137 ○○○○
	28	*II*, 73 (F.) *II*, 139 (F.) (Abb. 42/43) ○○○● ○○●●
Flossensaum	29	*II*, 116 (F.) (Abb. 40/41) ○○○●
Vorderbeinknospe, Kie-menfäden	32	*II*, 19 (F.) (Abb. 8, Abb. 55) ○○○●
Anlage von Seitenästen an den Kiemenfäden . . .	34	*II*, 68 (F.) Abb. 46/47) ○○○●

Total: 14 Implantate mit Ausnahme von II, 49 alles Spendergruppe I (S. 512): Merogoniebeweis durch Chromosomenzahlen; (F.): Fibrillenbildung nachgewiesen.

Vergleichen wir diese Zusammenstellung mit den Tabellen 4 und 5, so wird auffallen, daß bei den Ursegmentimplantaten die Kernpyknose stärker auftritt als im Epidermis- oder Medullarmaterial. Dieser Degenerationserscheinung verfallen einzelne Kerne schon auf frühen Stadien. In keinem Fall aber wurde eine vollständige Zerstörung des Kernmaterials der merogonischen Ursegmente beobachtet. Die einzelnen Implantate verhalten sich nicht etwa so, daß die Kernpyknose für ein bestimmtes Entwicklungsstadium einen bestimmten Ausbildungsgrad erreicht. Die Variabilität innerhalb der untersuchten Fälle ist recht groß und scheinbar gesetzlos. Ältere Implantate können auch eine geringere „Erkrankung" zeigen als jüngere.

Bei der Besprechung von *II*, 139 (S. 536) wurde hervorgehoben, daß namentlich die direkt unter der Epidermis liegenden Zellen des ursprünglichen Ursegmentmaterials einer starken Degeneration anheimfallen. Die gleiche Erscheinung wurde noch bei drei weiteren Implantaten beobachtet; auch hier ist die muskelbildende Hauptmasse noch gesund, während in den äußersten Zellagen des Ursegments die Kerne pyknotisch und die Zellen aus dem Verband gelöst sind. Da dieser Unterschied in allen älteren Implantaten, die beide Bezirke umfassen, auftritt, so kann er kaum nur auf Zufälligkeit beruhen.

Ähnlich verhalten sich die an die Chorda angrenzenden Materialien der Ursegmente (Sklerotom). In der Normalentwicklung lösen sich einzelne Zellen los und liefern das skeletogene Mesenchym. Wenn in unseren Larven diese Zellen merogonischer Herkunft sind, haben sie fast durchwegs pyknotische Kerne (nachgewiesen in sechs Fällen). Auch hier ist der Unterschied gegenüber dem normalkernigen Myotom auffallend und kaum zufällig.

Die Ausbildung von Muskelfibrillen konnte bei fünf Implantaten festgestellt werden.

Zusammenfassung über das Verhalten bastardmerogonischer Ursegmentimplantate:

1. Die Abgrenzung und Formung typischer Ursegmente erfolgt normal.

2. Die organspezifisch histologische Differenzierung bis zur Ausbildung von Muskelfibrillen ist möglich.

3. Die Zellkerne sind in den haploiden Implantaten meistens nicht kleiner als in den Muskelzellen des Wirtes.

4. In vielen Implantaten wurden neben einer Mehrzahl gesunder Kerne einzelne pyknotische angetroffen. Diese Kerndegeneration kann frühzeitig einsetzen, sie tritt hier allgemeiner und stärker auf als in Epidermis- und Medullarimplantaten.

5. Von der Kernnekrose werden vor allem Sklerotom und periphere Zellagen des Ursegments erfaßt.

6. Die ältesten Muskelimplantate sind in Bezug auf Dotterabbau und Fibrillenbildung nicht soweit differenziert wie die Wirtsmuskulatur. Ob mit den untersuchten Stadien die obere Grenze der Entwicklungsfähigkeit erreicht ist, kann noch nicht entschieden werden.

4. Das Implantat im Nephrotom.

Für die Beurteilung der Organentwicklung im Vornierengebiet stehen nur zwei Implantate zur Verfügung. In beiden Fällen wurde das merogonische Nephrotom vom Myotom sauber abgesetzt. Das eine Implantat (*II*, 69) kam zur Untersuchung kurz nachdem der Wirt die ersten Kanälchen ausgebildet hatte (GLAESNER-Stadium 26). Das implantierte Vornierenmaterial (Entnahmeskizze, Abb. 45) steht in der Entwicklung noch etwas zurück. Die einzelnen Kanäle sind als Zellstränge ausgesondert, haben aber im Gegensatz zu den Wirtskanälchen noch kein Lumen ausgebildet.

Das andere Implantat besetzt die ganze linke Vornierenregion von Keim *II*, 116 (Abb. 40, S. 534). Hier wurden aus dem bastardmerogonischen Nephrotom normale Vornierenkanälchen differenziert; sie haben ein deutliches Lumen (Abb. 48) und gleichen im übrigen völlig den Wirtsorganen der Gegenseite.

Kernpyknose trat in keinem der untersuchten Vornierenimplantate auf.

5. Das Implantat in der Chorda.

Aus der allgemeinen Problemstellung dieser Experimente treten für das Chordamaterial zwei Fragen in den Vordergrund:

1. Wird die Chorda richtig abgegrenzt und geformt, verläuft also die Organogenese normal?

2. Tritt die spezifisch histologische Differenzierung, d. h. die Vakuolisierung der Chordazellen ein, verläuft die Histogenese normal?

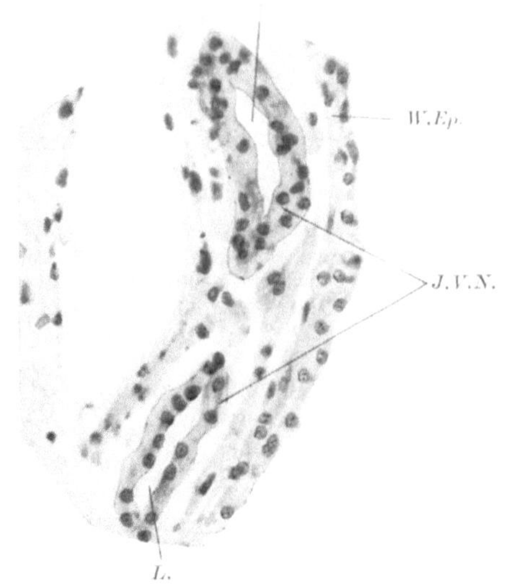

Abb. 48. II, 116. Bastardmerogonische Vornierenkanälchen (*J.V.N*) mit deutlichem Lumen (*L*), Epidermis des Wirtes (*W.Ep.*). Vergr. 170 ×.

In Beziehung zu Implantaten aus anderen Organbereichen interessiert überdies noch der Gesundheitszustand und die Größe der Zellkerne.

Einzelfälle.

Fall 1: *II*, 7.

Einer merogonischen Gastrula mittleren Alters wird der ganze Dotterpfropf mitsamt den Urmundrän-

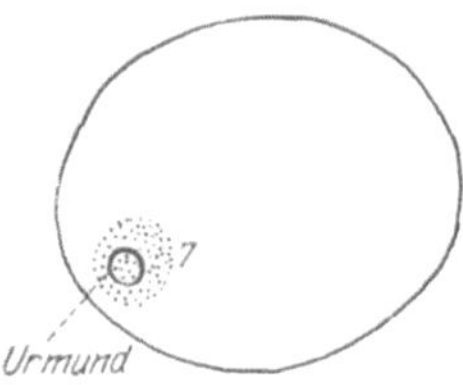

Abb. 49.

Abb. 49. Spender 3 d Ha. Entnahmeskizze für das Organisatorimplantat II, 7.

Abb. 50. II, 7. Fixierungsstadium (GLAESNER-Stadium 24). Das Implantat hat ein „Schwänzchen“ induziert (*Ind.*). Vergr. 20 ×.

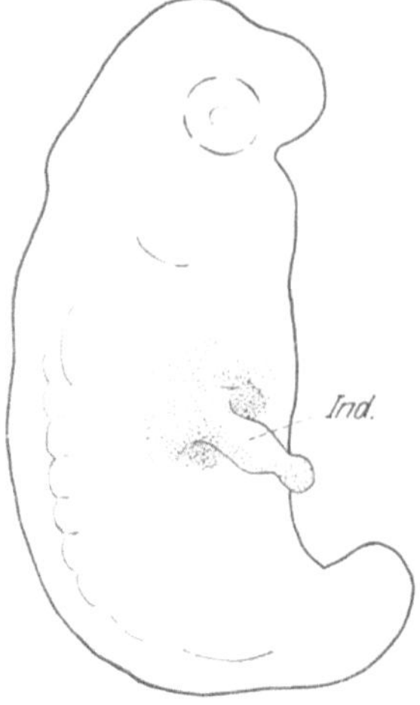

Abb. 50.

dern entnommen (Abb. 49). Dieses große Stück muß unter anderem auch präsumptives Chordamaterial enthalten. Es wird einer jüngeren Gastrula ins Blastocöl eingesteckt (Methode MANGOLD 1927). Hier verwirklicht das Implantat — wie erwartet — seine organisatorischen Fähigkeiten, indem es unter Mitverarbeitung von Wirtsmaterial ein kleines sekundäres Achsensystem induziert. Äußerlich tritt die Induktion als „Schwänzchen" vor (Abbild. 50, *Ind.*). Das Schnittbild (Abb. 51)

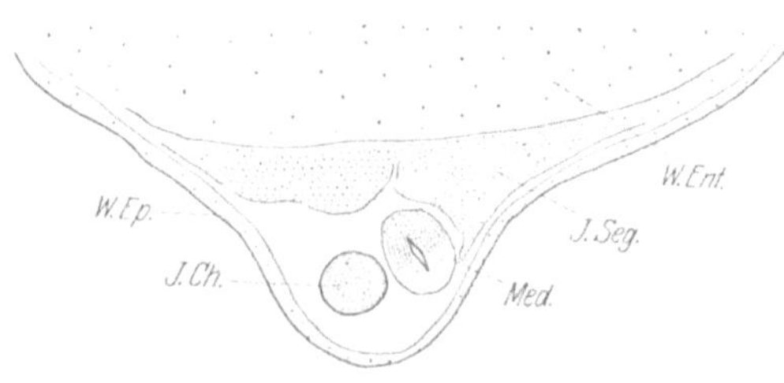

Abb. 51. II, 7. Merogonische Chordabildung (*J.Ch.*) in atypischer Lagerung. Querschnitt durch die sekundäre Embryonalanlage. Medullarrohr (*Med.*), Implantatsursegmente (*J.Seg.*), Epidermis (*W.Ep.*) und Entoderm (*W.Ent.*) des Wirtes. Vergr. 100 ×.

zeigt, was ein bastardmerogonisches Implantat in atypischer Lage — rein selbstdifferenzierend — leisten kann. Hier wurde neben Urwirbeln und einem Medullarrohr auch eine normalgerundete Chorda ausgebildet.

Fall 2: *II*, 25.

Aus der Entnahmeskizze, Abb. 52 wird ersichtlich, daß ein großes Stück präsumptives Chordamaterial entnommen wurde. Es wird ortsgemäß in die Mitte der dorsalen Urmundlippe einer gleichalten Gastrula

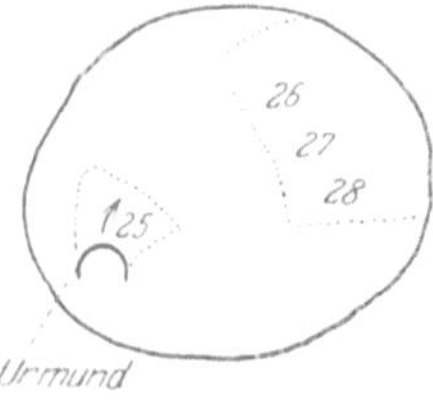

Abb. 52.

Abb. 52. Spender 5c Ha. Entnahmeskizze für das Chordaimplantat II, 25.

Abb. 53. II, 25. Das invaginierte Implantat in der Mediane des Urdarmdaches als schmaler, farbig durchschimmernder Streifen (24 Stunden nach der Implantation). Vergr. 20 ×.

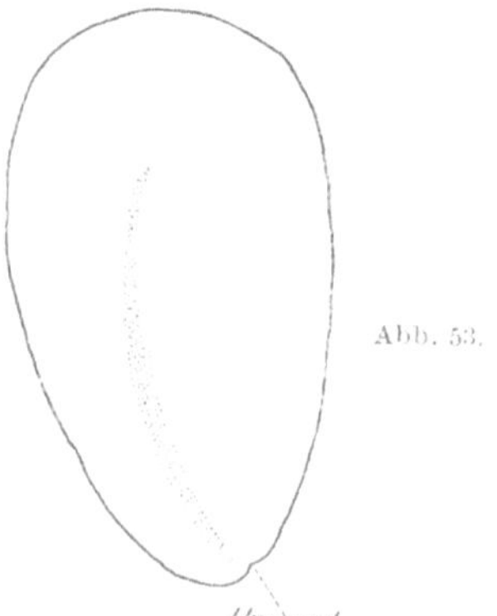

implantiert. Die neue merogonische Urmundlippe bietet für die Gastrulation keine Schwierigkeit; das gefärbte Stück verschwindet vollständig im Inneren. Die Lage des Implantates — 24 Stunden nach der Operation — wurde durch eine Zeichenapparatskizze festgehalten (Abb. 53). Ein gefärbter Streifen verläuft genau axial im Urdarmdach. Auf GLAESNER-Stadium 29 (wie Keim, Abb. 40, S. 534) wird konserviert. Bei der Schnittuntersuchung finden wir im hinteren Rumpfteil eine chimärische Chorda,

teils aus Wirts-, teils aus Implantatsgewebe. In der vorderen Körper-
hälfte dagegen verlaufen die beiden heterogenen Gewebestränge als zwei

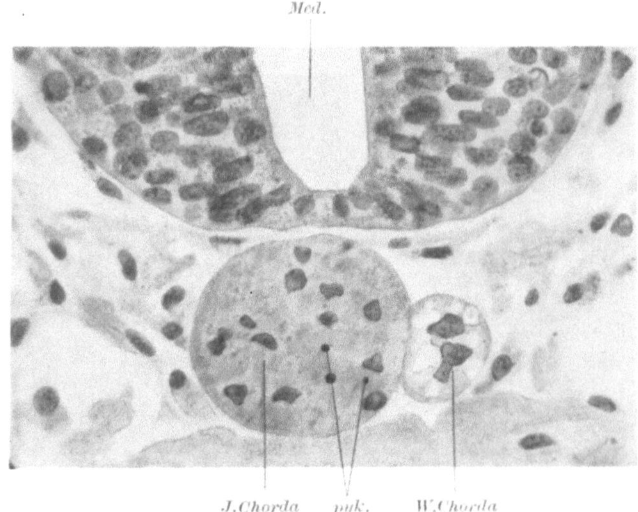

Abb. 54. II,25. Eine große Implantatschorda neben einer kleinen Wirtschorda.
Medullarrohr (*Med.*). Im Implantat einige pyknotische Kerne (*pyk.*). Vergr. 320 ×.

selbständige Chorden gesondert nebeneinander (Abb. 54, *W. Chorda*,
J. Chorda). Eine vergleichende Untersuchung führt zu folgendem Ergebnis:

	Implantats-Chorda	Wirts-Chorda
Äußere Form:	Normal gerundet	Normal gerundet
Histolog. Diff.:	Keine Vakuolen	Beginnende Vakuolisierung
Kerngesundheit:	Einzelne Kerne pyknotisch	Alle Kerne normal
Kerngröße:	Kleine Kerne	Große Kerne

Fall 3: *II*, 19.

Dieses Implantat hat die gleiche Vorgeschichte wie das obige *II*, 25.
Entnahme ebenfalls aus der oberen Urmundlippe (wie bei Abb. 52), Implantation und Entwicklung ortsgemäß (wie bei Abb. 53). Die Wirtslarve kommt erst nach Ausbildung einer Extremitätenknospe zur Fixierung (Abb. 8, S. 502, Pigmentzellen nicht eingezeichnet). Die Schnittuntersuchung zeigt: Die Chorda dieser Larve ist nur dort vakuolisiert,
wo sie aus Wirtsmaterial besteht, dort aber wo sie chimärisch zusammen-
gesetzt ist, fehlt in dem vom Implantat besetzten Bezirk die Vakuolisierung vollständig (Abb. 55, *J. Chorda*). Viele Kerne der merogonischen
Partie sind pyknotisch, wovon einzelne nur noch als verschwindend kleine
Chromatintröpfchen erkenntlich sind.

Fall 4: *II*, 137.

Entnahmeskizze: Abb. 17, S. 518. Fixierungsalter: GLAESNER-Stadium 27. Die Larve besitzt eine zusammengesetzte Chorda, die sehr deut-

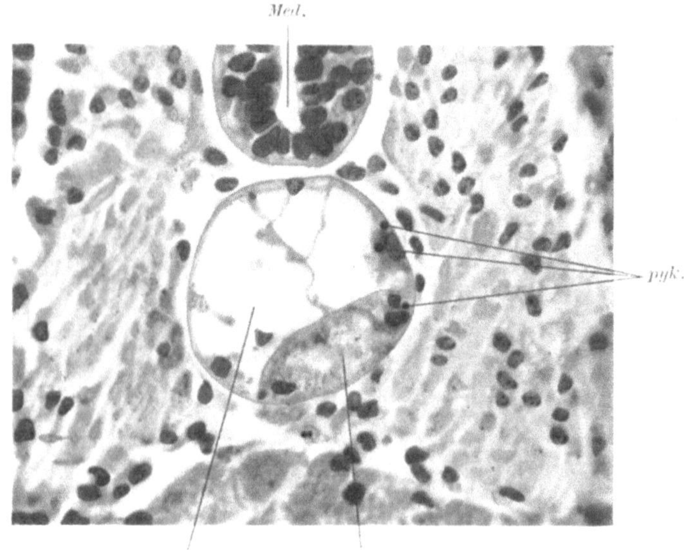

Abb. 55. II,19. In der stark vakuolisierten Wirtschorda sitzt ein Stück merogonisches Chordamaterial (*J. Chorda*), dem die Vakuolen fehlen. Einige Implantatskerne sind pyknotisch (*pyk.*). Vergr. 340×.

lich den Größenunterschied zwischen den merogonischen und den diploiden Kernen zeigt (Abb. 56, *J. K* und *W. K.*).

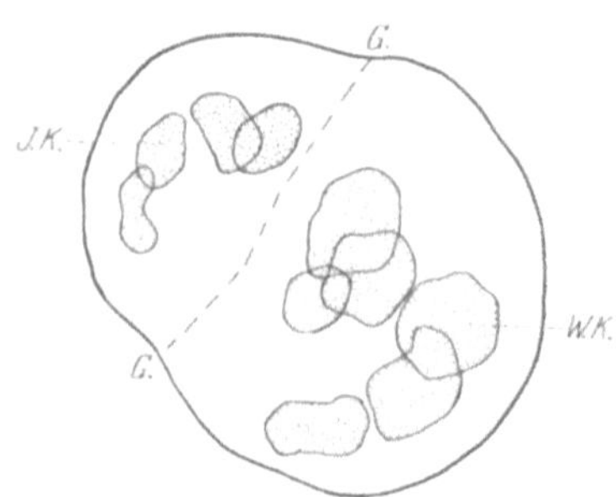

Abb. 56. II,137. Kerngrößenunterschied in einer zusammengesetzten Chorda: Wirtskerne (*W.K.*). Implantatskerne (*J.K.*). Die Grenzlinie (*G.*) zwischen den beiden heterogenen Chordageweben ist gestrichelt. Vergr. 480×.

Aus der Tabelle 7 ersehen wir, daß fast alle Chordaimplantate einer schwachen Kernnekrose verfallen. Ähnlich wie bei dem Ursegmentmaterial (Tabelle 6) setzt diese Degeneration schon frühzeitig ein, ohne aber innerhalb der untersuchten Entwicklungsstadien alle Kerne zu ergreifen.

Bei keinem der Implantate wurde ein Formbildungsfehler festgestellt; stets wird die Chorda richtig abgegliedert und gerundet.

Alle älteren Chordaimplantate bleiben jedoch in der Entwicklung gegenüber dem gleichalten Wirtsmaterial zurück: keine einzige merogonische Chorda wurde richtig vakuolisiert. Das beste, was in dieser

Übersicht.

Tabelle 7. Chordaimplantate.

Entwicklungsstadium des Wirtes: (Äußere Merkmale)	Nach GLAESNER Stad. Nr.:	Einzelne Implantate ○○○○ bedeutet: alle Kerne normal ○○○● „ : wenige Kerne pyknotisch ○○●● „ : viele Kerne pyknotisch
Augenblasen, Schwanzknospe	22	*II*, 16 ○○○●
	23	*II*, 32 ○○○○
Linse sichtbar	24	*II*, 7 (Abb. 50/51) ○○○○ *II*, 52 ○○○●
	25	*II*, 96 ○○○●
	26	*II*, 69 ○○○● *II*, 105 ○○●●
Stützer, Pigmentzellen . .	27	*II*, 95 ○○○● *II*, 137 (Abb. 56) ○○○●
	28	*II*, 72 ○○○●
Flossensaum	29	*II*, 25 (Abb. 54) ○○○●
Vorderbeinknospe, Kiemenfäden	32	*II*, 19 (Abb. 8, 55) ○○●●

Total: 12 Implantate, mit Ausnahme von II,95 alle aus Spendergruppe I (Chromosomenbeweis).

Richtung geleistet wurde, sind kleine „Löcher" zwischen den Dotterkörnern. Wir haben auch bei Muskelimplantaten ein teilweises Zurückbleiben der Differenzierung festgestellt (S. 537), dabei aber hervorgehoben, daß trotzdem die spezifisch histologische Differenzierung, d. h. die Ausbildung von Fibrillen in Angriff genommen wurde. Für die bastardmerogonischen Chordazellen konnte bis jetzt eine entsprechende, spezifische Histogenese nicht festgestellt werden.

Auf S. 510 habe ich ausgeführt, daß die bastardmerogonischen Implantate die Vitalfarbe bedeutend länger hielten, als nach den Angaben von VOGT (1925) zu erwarten war. Wir könnten uns diese größere Haltbarkeitsdauer vielleicht so erklären: Jene physiologischen Prozesse, die in der Normalzelle die Zerstörung der Vitalfarbe verursachen, kommen in der entwicklungsgehemmten bastardmerogonischen Chordazelle nicht zur Auswirkung.

Eine auffallende Besonderheit gegenüber den andern Organimplantaten zeigen die Chordazellen in Bezug auf ihre *Kerngröße*. Während in Epidermis-, Medullar- und Muskelimplantaten die Kerne die Größe der diploiden Wirtskerne erreichen, sind die bastardmerogonischen Chordakerne ausnahmslos bedeutend kleiner als die gleichalten Kerne im

Material der Wirtschorden. Diese Erscheinung ist so ausgeprägt, daß man die implantierten Gewebeteile auch ohne Vitalfarbe erkennen kann.

Zusammenfassung für Chordaimplantate:

1. Bastardmerogonisches Chordamaterial führt den ersten Schritt der Organbildung (Abgliederung und Rundung) normal aus.

2. Die Chordazellen der Implantate bleiben gegenüber den Chordazellen der Wirtskeime in der Entwicklung zurück, sie konnten (bis jetzt) nicht zur Vakuolisierung gebracht werden.

3. Die Kerne sind durchwegs von geringerer Größe, als die gleichalten Chordakerne der Wirte.

4. In fast allen Implantaten wurden pyknotische Kerne angetroffen.

6. Das Implantat im Kopfmesenchym.
(Mesentoderm und Mesektoderm).

Die Herkunft der nichtektodermalen Materialien des Amphibienkopfes ist nicht völlig geklärt. Ich verweise hier auf die diesbezüglichen Abschnitte in der großen Arbeit von W. VOGT, 1929 (S. 422, 450 u. a.). Der VOGTschen Darstellung entnehmen wir: Das Chordamesoderm setzt sich kopfwärts in die prächordale Platte fort, hier geht es — als Folge eines primären Zusammenhangs — kontinuierlich in das Kopfdarmmaterial über (VOGT, Abb. 24, S. 483). Der Kopfdarm geht ventral und lateral ebenfalls kontinuierlich in das eigentliche Entoderm über. Es bestehen in diesen Bezirken somit keine scharfen Grenzen zwischen den einzelnen Keimblättern. Wir bezeichnen dieses Material, das auch in seiner histologischen Struktur einen Übergang zwischen Mesoderm und Entoderm darstellt als *Mesentoderm* des Kopfes (vgl. STONE, 1922). Das eigentliche Kopfmesoderm, das VOGT von der inneren Randzone ableitet, wandert erst nach Urmundschluß in den Kopf ein, so daß wir in Spätgastrulen unter dem vordersten Teil des Ektoderms — im sogenannten mesodermfreien Feld — nur die Gewebeschicht des Kopfdarmes (Mesentoderm) vorfinden (VOGT, Abb. 50, S. 531). Die Untersuchungen von STONE (1922) haben gezeigt, daß in dieses mesentodermale Grundgewebe aus dem darüberliegenden Ektoderm Zellstränge einwandern, die aus dem Ganglienleistenmaterial herstammen; dies als *Mesektoderm* bezeichnete Gewebe ist später hauptsächlich an der Bildung des Kopfskelettes beteiligt.

Wir besprechen im folgenden das Verhalten von Implantaten, die an den Kopfdarm angrenzend als „Füllgewebe" zwischen der Epidermis einerseits und den Hirnteilen, den Augen- und Hörblasen andererseits liegen. Dabei handelt es sich um Zellen, die sowohl mesentodermaler wie auch mesektodermaler Herkunft sein können. Sie sollen hier ganz allgemein als *Kopfmesenchym* bezeichnet werden, ein Ausdruck, der vor allem der histologischen Struktur dieser heterogenen Gewebe gerecht wird.

Durch die Entnahme doppelschichtiger Implantate (Mesentoderm und Ektoderm) aus der präsumptiven Kopfgegend älterer Gastrulen war es möglich, merogonisches Kopfmesenchym zu verpflanzen und sein Verhalten in der weiteren Entwicklung zu studieren.

Einzelfälle.

Fall 1: *I*, 93.

Für dieses Implantat wurde Herkunft, Implantationsort sowie Entwicklung bis zur Fixierung bereits im Abschnitt über Medullarmaterial beschrieben (S. 526, Abb. 27—29). Mit dem präsumptiven Medullarektoderm wurde das darunterliegende Kopfdarmstück verpflanzt. Wir finden es bei der Schnittuntersuchung ventral zwischen den Augenblasen und dem Kopfdarmlumen (Abb. 29, *J. Mes.*). Diese merogonischen Zellen sind in Auflösung und ihre Kerne mit ganz wenig Ausnahmen pyknotisch degeneriert. Der Unterschied gegenüber dem vollständig gesundkernigen und normalentwickelten merogonischen Medullarmaterial ist sehr eindrücklich.

Fall 2: *II*, 58.

Es wurde ebenfalls ein doppelschichtiges Stück aus einer älteren Gastrula entnommen und ortsgemäß verpflanzt. Das Implantat gerät in den hirnbildenden Bezirk der Medullarplatte. Die Lage zur Zeit der Fixierung ist in Abb. 57 angegeben. Der medullare Teil ist gesund und normal entwickelt (Abb. 58, *J. Geh.*). *Das merogonische Kopfmesenchym dagegen ist vollständig desorganisiert (J.K. Mes.).* Die Zellen haben sich aus dem Verband gelöst; sie sind abgerundet, und die meisten Kerne sind pyknotisch. Besonders deutlich zeigt dies in stärkerer Vergrößerung die Abb. 59. Im normalen angrenzenden

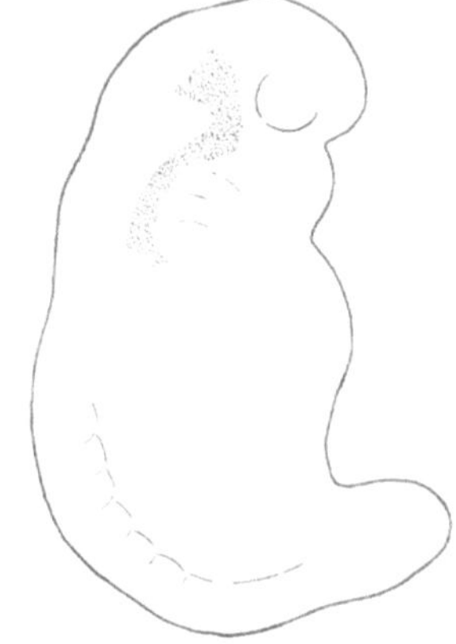

Abb. 57. II, 58. Fixierungsstadium (GLAESNER - Stadium 24). Das implantierte Material liegt im Innern. Vergr. 20 ×.

Kopfmesenchym des Wirtes sind keine pyknotischen Kerne zu finden (Abb. 58, *W.K.Mes.*).

Fall 3: *II*, 110.

Abb. 31—33, S. 529. In genau gleicher Weise hat sich auch hier das Medullarmaterial normal entwickelt, während das aus dem gleichen Spender stammende Kopfmesenchym in hohem Grade kernpyknotisch ist (Abb. 33, *J.K.Mes.*).

Fall 4: *II*, 103.

Das Kopfmesenchym der drei beschriebenen Fälle war vorwiegend mesentodermaler Herkunft. Das Verhalten von Mesektoderm ersehen wir aus Abb. 25, S. 523. Hier wurde ein großes rein ektodermales Stück implantiert, das Epidermis, Medullarrohr und Material zu einer Hörblase lieferte. Alle diese Gewebe blieben gesundkernig, dagegen finden wir neben der Hörblase eine grün pigmentierte Zellreihe, die durch ihre pyknotischen Kerne hervorsticht (*J.Mes.*). Dieser Zellstrang, der in ge-

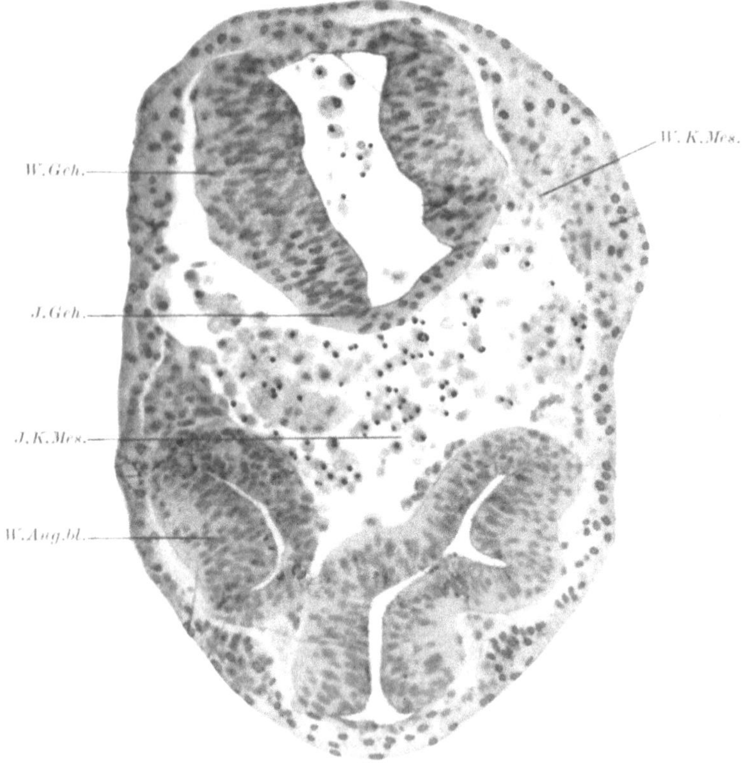

Abb. 58. II, 58. Querschnitt durch den Kopf, das Gehirn (*W. Geh.*) und die Augenblasen (*W. Aug. bl.*) des Wirtes treffend. Normaler Implantatsteil im Gehirn (*J. Geh.*) und sehr stark kernpyknotisches, merogonisches Kopfmesenchym (*J. K. Mes.*). Gesundes Kopfmesenchym des Wirtes (*W. K. Mes.*). Vergr. 100 ×.

sundes Wirtsgewebe eingelagert ist, muß als merogonisches Kopfmesenchym (mesektodermaler Herkunft) gedeutet werden.

Fall 5: *II*, 101.

Bei diesem Implantat konnte die Entwicklung von bastardmerogonischem Mesektoderm auch äußerlich verfolgt werden, indem das Auswachsen von drei farbigen Streifen ins Material des Kiemenbuckels hinein beobachtet wurde (Abb. 60, *J.Mes.*). Nach STONE (1922) handelt es sich um ein nachträgliches Einwandern von Zellsträngen, die die Bildung der Kiemenbogenknorpel übernehmen. Daß auch dieses Mesektoderm pyknotisch degeneriert, beweist die Schnittuntersuchung (Abb. 61). Wir sehen hier neben dem Kiemenentoderm des Wirtes

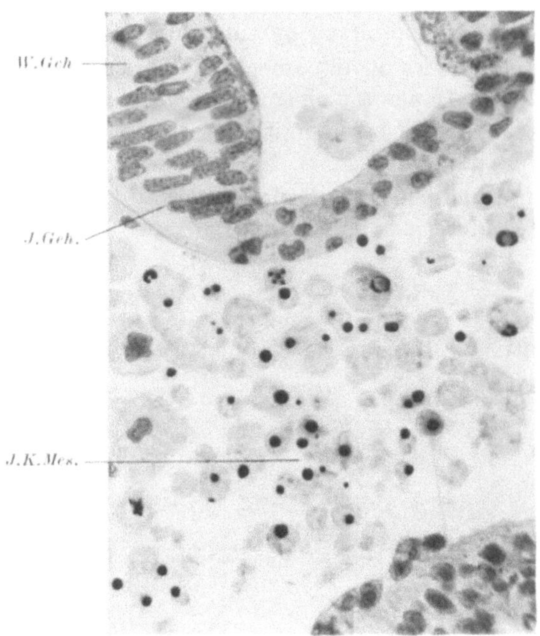

Abb. 59. II, 58. Die Partie des vollständig degenerierten merogonischen Kopfmesenchyms (*J.K.Mes.*) in stärkerer Vergrößerung. Die erkrankten Kerne (schwarz) sind homogene stark färbbare Chromatintropfen. Die erkrankten Zellen sind aus dem Verband gelöst. Das Implantat, soweit es im Gehirn liegt, ist normalkernig (*J.Geh.*). Vergr. 250×.

(*W.Ent.*) das stark pyknotische Mesektoderm des Implantates (*J.Mes.*).

Aus der Tabelle 8 geht die *außerordentlich starke Verbreitung der Kernpyknose* hervor. In keinem einzigen Implantat sind die Kerne einigermaßen erhalten. Schon die jüngsten Gewebe sind weitgehend bis vollständig nekrotisch. Eine eigentliche Weiterentwicklung im Wirtsverband scheint nicht stattzufinden. Es konnten denn auch keine Organbildungsleistungen nachgewiesen werden (abgesehen von der Wanderung der Mesektodermstreifen [Abbild. 60]). Merkwürdigerweise blieben aber in vielen Implantaten einzelne wenige Kerne erhalten.

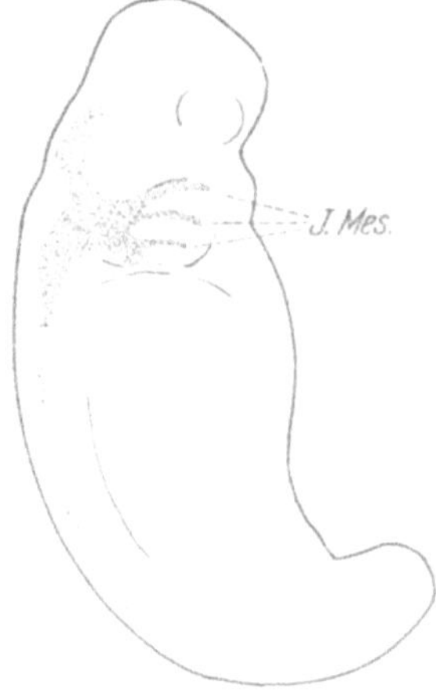

Abb. 60. II, 101. Fixierungsstadium (GLAESNER-Stadium 26) zeigt die in den Kiemenbuckel eingewanderten Stränge von gefärbtem merogonischem Mesektoderm (*J.Mes.*). Vergr. 20×.

Der Unterschied gegenüber der merogonischen Entwicklung in den andern Organbezirken wird durch die zahlreichen (26) Einzelfälle ausnahmslos innegehalten.

Zusammenfassung für Kopfmesenchymimplantate:

1. Bastardmerogonisches Kopfmesenchym (Mesentoderm und Mesektoderm) verfällt im Implantat einer allgemeinen Kerndegeneration, die, mit Histolyse verbunden, bereits mit Schluß der Medullarwülste festgestellt wurde.

2. Von den untersuchten Organbezirken zeigt das Kopfmesenchym die geringste Entwicklungs- und Leistungsfähigkeit.

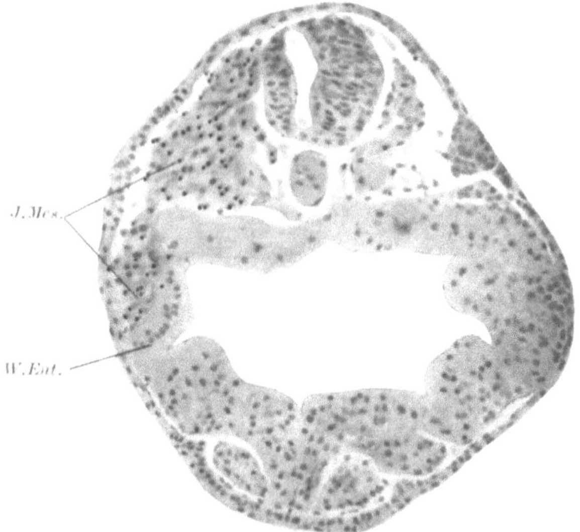

Abb. 61. II, 101. Querschnitt durch die Kiemengegend, zeigt das herabgewanderte Implantats-Mesektoderm (*J. Mes.*), das stark pyknotisch degeneriert ist. Kiemenentoderm des Wirtes (*W.Ent.*). Vergr. 80 ×.

7. Die Kerngröße in den bastardmerogonischen Implantaten.

Haploide Amphibienkerne haben nur ein halb so großes Volumen wie entsprechende diploide (G. HERTWIG 1918). Diese Gesetzmäßigkeit ist im besonderen auch für homosperme *Triton*-Merogone nachgewiesen (BALTZER 1922, P. HERTWIG 1923).

Ich habe bei der Besprechung der verschiedenen Organimplantate hervorgehoben, daß die bastardmerogonischen Kerne häufig gleich groß sind wie die benachbarten, organgleichen Wirtskerne. Ausnahmslos gilt dies für das Medullarrohr. Einzig die Chordaimplantate haben sich durchwegs durch „Kleinkernigkeit" ausgezeichnet (Abb. 56, S. 544).

Wie ist es möglich, daß bei halber Chromosomenzahl in einzelnen Implantaten „diploide Kerngrößen" angetroffen werden? Bei den umfang-

Übersicht.

Tabelle 8. Kopfmesenchymimplantate.

Entwicklungsstadium des Wirtes: (Äußere Merkmale)	Nach GLAESNER Stad. Nr.:	Einzelne Implantate ○○●● bedeutet: viele Kerne pyknotisch ○●●● „ : fast alle Kerne pyknotisch ●●●● „ : alle Kerne pyknotisch
Medullarrohrschluß	17	*I*, 56 ○●●●
	18	*I*, 44 ●●●●
Primäre Augenblasen . . .	19	*I*, 67 ○●●● *I*, 13 ○●●● *I*, 18 ○○●●
	20	*I*, 92 ○●●● *II*, 11 ○●●●
	21	*I*, 93 (Abb. 27—29) ○●●● *I*, 94 ○●●●
Schwanzknospe	23	*I*, 80 ●●●● *II*, 120 ○●●●
Linse sichtbar	24	*II*, 58 (Abb. 57—59) ○●●● *II*, 103 Abb. 24/25) ○●●● *II*, 111 ○●●● *II*, 121 ○●●●
3 Kiemenbogen sichtbar . .	26	*II*, 101 (Abb. 60/61) ○●●● *II*, 110 (Abb. 31/33) ○●●●
Stützer, Pigmentzellen . . .	27	*II*, 27 ●●●● *II*, 70 ○●●● *II*, 137 (Abb. 56) ○○●●
	28	*II*, 23 ○●●● *II*, 113 ○○●●
Flossensaum	29	*II*, 25 (Abb. 54) ○●●● *II*, 80 ○●●●
Vorderbeinknospe, Kiemenfäden	32	*II*, 19 (Abb. 8) ●●●● *II*, 141 (Abb. 9) ○○●●

Total: 26 Implantate, wovon (*fett*) 22 Fälle aus Spendergruppe I (S. 512).

reichen Kernmessungen G. HERTWIGS hat sich ergeben: „daß bei fortschreitender Differenzierung in gewissen Geweben die Kerngröße erhebliche Veränderungen erfuhr, so daß für einen Vergleich nur solche Larven benutzt werden dürfen, die aus möglichst gleichmäßigem Eimaterial unter denselben Bedingungen aufgewachsen sind und ungefähr eine gleich weitgehende gewebliche und organologische Differenzierung erfahren haben" (1918, S. 44). Solche Vergleichsbedingungen sind für unsere Implantate nicht erfüllt. Diese sind wohl „zeitlich gleichalt" wie die Wirtsgewebe und können im großen ganzen auch morphologisch auf der gleichen Differenzierungsstufe stehen.

Damit ist aber nicht gesagt, daß nun alle Entwicklungsvorgänge, die auf die Kerngröße Einfluß haben, in Geweben von so wesentlich verschiedener Zellkonstitution genau gleich ablaufen.

In einem normal sich entwickelnden Neuralrohr sind die Kerne während längerer Zeit in reger Teilung begriffen. Gleichzeitig nimmt dabei — wie die Messungen von G. HERTWIG (1918, S. 8) beweisen — die Kerngröße bedeutend ab.

Wir können nun die (hypothetische) Annahme machen, daß die Kerne des bastardmerogonischen Medullarmaterials im Zeitpunkt der Fixierung weniger Teilungen hinter sich haben als die normalen Kerne des Wirtes und daß infolgedessen ihre Größe nicht in dem Maße abnahm wie die der angrenzenden Normalkerne. Diese würden damit infolge zahlreicherer Teilungsschritte ihren ursprünglichen Größenvorsprung einbüßen.

Die Merogone erleiden, wie wir gesehen haben, auf Grund ihrer anormalen Zellkonstitution eine Entwicklungshemmung. Beginnt diese schon im Stadium der Medullarwülste, so wird damit auch die weitere Vermehrung und zugleich die fortgesetzte Größenabnahme der Medullarkerne unterbunden. Damit würden die ursprünglich kleineren Kerne des merogonischen Implantates den sich normal verkleinernden diploiden Kernen angeglichen. Dieser Erklärungsversuch kann gestützt werden durch die Beobachtung, daß in den Neuralrohren der Wirte ungleich mehr Mitosen angetroffen wurden als in den Implantaten.

Da nun die Kerne der verschiedenen Organanlagen nicht gleichzeitig ihre Vermehrungsteilungen vollziehen — und auf verschiedenen Altersstadien ihre definitive Form und Größe annehmen, so kann in der bastardmerogonischen Entwicklung die Kerngröße recht verschieden beeinflußt werden, je nachdem die Entwicklungshemmung ein Organ vor, während oder nach der Periode der Vermehrungsteilungen trifft. Sehr früh scheinen die Vermehrungsteilungen in den Chordazellen zum Abschluß zu kommen (in älteren Chorden findet man äußerst selten Mitosen). Hier ist die Annahme berechtigt, daß die Periode der Kernvermehrung von der später einsetzenden Entwicklungshemmung nicht beeinflußt wird, so daß in bastardmerogonischen Chordazellen die der halben Chromosomenzahl entsprechende Kerngröße entstehen kann.

Maßgebend für die Größe der bastardmerogonischen Implantatskerne (im Vergleich zu den Wirtskernen) ist somit neben der Chromosomenzahl in erster Linie die Organzugehörigkeit. Diese Tatsache ist wichtig für alle jene Fälle, wo man versucht die Haploidität als Marke zur Erkennung implantierter Organteile zu benutzen. G. HERTWIG (1925) empfiehlt: ,,Die Verpflanzung haploidkerniger Zellen, eine neue Methode embryonaler Transplantation.'' Für *heterosperm*haploide Zellen ist diese Methode unbrauchbar, indem die Kerngröße als Marke versagt; hier sind wir auf die Vitalfärbung angewiesen.

8. Die homospermen Kontrollimplantate.

Bastardmerogonische Implantate scheinen im Vergleich zu Normalgewebe in zwiefacher Hinsicht beeinträchtigt: Einerseits durch das Fehlen des Artchromatins (Fremdkernigkeit) und andererseits durch das Fehlen eines diploiden Chromosomensatzes (Haploidität). Wenn wir die Wirkungen der Fremdkernigkeit gesondert untersuchen wollen, so können wir das nur, wenn wir einen allfälligen Einfluß der Haploidität kennen. Wir müssen also zunächst wissen, ob und in welchem Grade haploide homosperme Zellen von *Triton* lebens- und entwicklungsfähig sind.

Nun zeigen die homospermen Schnürmerogone (SPEMANN, BALTZER, FANKHAUSER) sowie die arrhenokaryotischen *Triton*-Larven (P. und G. HERTWIG) ein recht uneinheitliches Bild. Das bestentwickelte Tier beendigte knapp die Metamorphose (BALTZER 1922). Es beweist damit, daß *haploide Tritonlarven die Potenzen besitzen können, die einer vollständigen Entwicklung genügen.* Durchschnittlich erreichen jedoch die homospermen Merogone nur selten höhere Larvenstadien. Sie scheinen ganz allgemein in ihrer Vitalität gegenüber diploidkernigen Tieren benachteiligt zu sein (größere Sterblichkeit, Zwergwuchs, träge Bewegung, geringe Freßlust, Kreislaufschwierigkeiten — BALTZER 1922). Nach FANKHAUSERs neuen Untersuchungen (1930) sind allerdings auch gewöhnliche diploide Schnürlarven nicht selten mit mannigfachen Defekten behaftet und oft überhaupt nicht entwicklungsfähig. Diese Fehlleistungen führt FANKHAUSER auf das Fehlen von Organisatormaterial zurück (S. 713). Auf Grund dieser Befunde muß man mindestens *einige* der Schädigungen, die bei homospermen Merogonen auftreten, als plasmatisch verursachte Defekte — und nicht als Folgen der Haploidität ansehen.

Es fragt sich danach, ob auch bei der Entwicklung meiner bastardmerogonischen Implantate die „Haploidität an sich" gewisse beeinträchtigende Wirkungen ausübt.

Kontrollexperimente mit homospermmerogonischem Material können darüber Aufschluß geben. Wenn auch in solchen Implantaten Fehlleistungen auftreten, so müßten wir diese von den Fehlleistungen der bastardmerogonischen Implantate subtrahieren — und erst die Differenz dürften wir auf Rechnung des Faktors „Fremdkernigkeit" setzen. Ich habe die Entwicklung zahlreicher Implantate aus homospermen *Palmatus*-Merogonen verfolgt. Leider können aber diese Kontrollen aus folgenden Gründen nicht das Gewünschte leisten:

1. Die meisten wurden zu wenig weit gezüchtet, d. h. nicht über die Stadien hinaus, bis zu denen auch die heterospermen Implantate normale Leistungen zeigen.

36*

2. Die wertvollsten und ältesten Kontrollimplantate (Kopfmesenchym und Muskulatur) stammen — wie eine eingehende Prüfung nachträglich zeigte —- zufällig aus Spendern mit unregelmäßigen Chromosomenzahlen (Gruppe III, S. 513). Sie werden damit zur Bestimmung von Haploiditätswirkungen untauglich.

Für die Beurteilung der Entwicklungsleistungen der artfremdmerogonischen Implantate ist diese Lücke nicht von einschneidender Bedeutung, solange wir die Experimente dieser Arbeit in erster Linie nach der positiven Seite hin auswerten, wobei das Problem (S. 506) lautet: wie weit können Plasma und *artfremder* Kern zusammen arbeiten? Bei dieser positiven Fragestellung brauchen wir nicht zu berücksichtigen, was die Zusammenarbeit des Plasmas mit dem arteigenen (haploiden) Kern leistet. Einzig in der Interpretation gewisser Verzögerungserscheinungen (Nichtvakuolisierung der Chorda, Dotterabbau in der Muskulatur) ist vorläufig Zurückhaltung geboten, und solange eine vergleichend histologische Untersuchung von homospermen Ganzmerogonen noch aussteht, wissen wir ebenfalls nicht, ob die Haploidität bei dem starken Auftreten der Kernpyknose als Mitursache beteiligt ist.

III. Teil.
Zusammenfassung und theoretische Auswertung.
1. Anteil der verschiedenen Entwicklungsfaktoren an den Leistungen der bastardmerogonischen Implantate.

Für das Zustandekommen der Entwicklungsleistungen bastardmerogonischer Keime ist, wie aus den Arbeiten verschiedener Autoren hervorgeht (vgl. PENNERS 1922, WINKLER 1924), die Wirkung folgender Entwicklungsfaktoren denkbar:

a) *Reine Plasmatätigkeit*, wobei der Kern ein bedeutungsloser Mitläufer bleibt.

b) *Beherrschende Kerntätigkeit*, wobei das Plasma als indifferentes Baumaterial dient.

c) *Kern-Plasmatätigkeit als Wechselwirkung*, wobei beide Zellkomponenten als gerichtete Entwicklungsfaktoren wirken und erst ihre abgestimmte Zusammenarbeit die Differenzierungsleistungen ermöglicht.

Über die Frage der *reinen Plasmatätigkeit* haben gerade für *Triton* die Experimente FANKHAUSERs einige Aufklärung gebracht: Für die ersten Entwicklungsschritte (Furchung und Blastulation) hat zweifellos das Plasma die Führung; das beweisen unter anderem kernlose Blastulazellen (FANKHAUSER 1929). Sogar die Anlage des Bauplans (Organisatorbereich) ist bereits im ungefurchten *Triton*-Ei plasmatisch bestimmt (FANKHAUSER 1930). Es wäre aber nicht angängig, alles was unsere bastardmerogonischen Zellen zustandebringen als reine Plasmaleistung zu erklären. Dagegen spricht vor allem die unterschiedliche Leistung des

Taeniatus-Plasmas mit verschiedenen artfremden Kernen: (Tabelle 2, S. 498, es müßten sonst die verschiedenen artfremden Kerne mit dem gleichen Plasma Gleichwertiges leisten). In welchem Zeitpunkt aber in unserem Experiment der *Cristatus*-Kern zum erstenmal entscheidend in die Entwicklung eingreift, läßt sich nicht bestimmen.

Auch die zweite Möglichkeit, wonach der *Kern* von Anfang an die Entwicklung beherrscht und wonach das Plasma als indifferentes Baumaterial mitwirkt, muß abgelehnt werden, da die verschiedenen Bastardmerogone das Gegenteil beweisen: Wenn z. B. (Tabelle 1, S. 498) der *Paracentrotus*-Kern das eine Mal mit *Parechinus*-, das andere Mal mit *Sphaerechinus*-Plasma zusammengebracht wird, so kommt es zu recht verschiedenwertigen Leistungen. Auch das Plasma besitzt eine selbständige genetische Spezifität; für diese Tatsache haben neuerdings die Arbeiten F. v. WETTSTEINs (1928) an Moosen die exaktesten experimentellen Beweise geliefert.

So werden wir im folgenden die Differenzierungsleistungen unserer Implantate als Produkt einer *Zusammenarbeit von Kern und Plasma* betrachten und nachweisen, daß gerade die Merogone diese Ansicht stützen, wobei allerdings dem Plasma für die *ersten* Entwicklungsschritte das Übergewicht zuerkannt werden muß.

Infolge der Einordnung der Implantate in den Wirt kommen überdies noch zwei weitere Entwicklungsfaktoren in Frage:

d) Organisatorische Hilfe durch den Wirt (S. 558).

e) Spezifische Beeinflussung durch die angrenzenden organgleichen Gewebe des Wirtes (S. 558).

2. Die Organleistungen der bastardmerogonischen Implantate im Vergleich zur Entwicklung der bisher hergestellten (entsprechenden) Ganzmerogone.

Die von BALTZER (1920, 1930) durch Schnürung hergestellten Ganzmerogone: *Palmatus* (♀) × *Cristatus*-♂ und *Taeniatus* (♀) × *Cristatus*-♂ gelangten maximal bis zur Bildung der primären Augenblasen (Abb. 1 a S. 500); der von P. HERTWIG (1923, Abb. 1) hergestellte Radiummerogon übertraf diese Leistung, soweit aus der Abbildung zu erkennen ist, mit Pigmentzellen und Kiemenanlagen.

Als Implantate dagegen erreichten die der Gastrula entnommenen Organmaterialien — in Verbindung mit der Entwicklung von normalen Palmatuskeimen — eine ungleich höhere Differenzierungsstufe. Ich vergleiche im folgenden mit den Befunden BALTZERS, da von P. HERTWIG keine histologischen Untersuchungen vorliegen.

Die *Epidermis* des sterbenden Ganzmerogons kann sich zwar von den darunterliegenden Geweben sondern, bleibt aber einschichtig und ohne weitere Differenzierung; sie ist noch vollgepfropft mit Dotterkörnen. —

Im Implantat kann sich das gleiche Material normal weiterentwickeln und unter vollständigem Dotterabbau bis zur organspezifischen Differenzierung in ein zweischichtiges Epithel mit Pigmentvakuolen und Sinnesknospen der Seitenlinie gelangen.

Das *Medullarmaterial* kommt im Ganzmerogon nur unter Verzögerung zur Bildung eines Neuralrohres und schwach vortretender Augenblasen. — Im Implantat dagegen entwickelt es sich störungslos zu Gehirn- und Rückenmarksteilen freischwimmender Larven; die merogonischen Zellen nehmen dabei die charakteristisch radiäre Stellung ein, und ihre Kerne zeigen die typische Form mit abgestutzten Enden.

Die *Ursegmente* konnten im Ganzmerogon nicht mehr abgegliedert werden; ihr Baumaterial bildet noch eine zusammenhängende, undifferenzierte Zellplatte. — In den Implantaten entstehen lange Reihen von Segmenten, deren Zellen in den besten Fällen Fibrillen bilden. Nicht selten finden sich in den merogonischen Ursegmenten einzelne pyknotisch degenerierte Zellkerne.

Die *Chorda* ist im Ganzmerogon erst undeutlich abgegliedert. — Als Implantat entwickelt sie sich, sowohl in ortsgemäßer, wie in ortsfremder Lagerung zum charakteristischen Rundstab, wobei bis jetzt allerdings eine richtige Vakuolenbildung der Zellen nicht eingetreten ist. In den meisten Fällen befinden sich unter den Chordakernen einige pyknotische Elemente.

Vornierenkanäle, *Blutzellen* und *Pigmentzellen* sind Differenzierungsleistungen, die bisher in dem auf frühem Entwicklungsstadium absterbenden Ganzmerogon nicht beobachtet wurden.

Das *Kopfmesenchym* findet BALTZER bei der histologischen Untersuchung der in der Entwicklung stillgestandenen Ganzmerogone „völlig oder wenigstens sehr stark kernpyknotisch" (1930, S. 328). — Im Implantat degeneriert das Kopfmesenchym in gleicher Weise frühzeitig, ohne zu einer eigentlichen Organleistung zu kommen.

Die Zellen des *Sklerotoms* werden in den Implantaten ebenfalls zum großen Teil kernpyknotisch.

3. Die Kernpyknose.

Eine eigentliche Analyse dieser Degenerationserscheinung kann auf Grund der vorliegenden Experimente nicht gegeben werden. Wir müssen aber hervorheben, daß die Kernpyknose nicht ausschließlich in bastardmerogonischen Geweben vorkommt. Einzelne pyknotische Kerne können gelegentlich auch in homospermen Implantaten beobachtet werden, und auch die Wirtsgewebe von *Triton palmatus* sind davon nicht immer völlig frei. Es fragt sich nun, ob das regelmäßige und massenhafte Auftreten dieser „Kernkrankheit", wie ich sie in dem bastardmerogonischen Kopfmesenchym festgestellt habe, eine für die heterospermen Merogone charakteristische Erscheinung ist.

Nun hat W. VOGT (1909) für *Triton cristatus* ein starkes Vorkommen von Kernpyknose beschrieben. Es werden davon regelmäßig zwei Keimbereiche (Kopfdarmdach und ventrales Entoderm) ergriffen. Gefolgt wird die Kerndegeneration von einer Desorganisation des Plasmas. Die Dotterschollen verschwinden und zuletzt wird der Plasmaleib vollständig aufgelöst.

Die von BALTZER und mir beobachtete Kernpyknose gleicht der von VOGT beschriebenen in Bezug auf die Degeneration der Kerne: es entstehen die gleichen Formen. Dagegen scheint in unseren bastardmerogonischen Zellen die darauffolgende Plasmadesorganisation auszubleiben: ein ähnliches Verschwinden der Dotterschollen wurde nicht beobachtet.

Es scheint überdies aber die Kernpyknose im Kopfmesenchym der Merogone weit über das für *Triton cristatus* geltende normale Maß hinaus verbreitet zu sein. Meistens sind davon fast alle Kerne ergriffen (Tabelle 8, S. 551). Eigentliche Organleistungen könnten von solchen Geweben (Abb. 58/59, S. 548) kaum mehr erwartet werden; es müßten denn diese Bezirke von vollständig neuen, randlich einwandernden Materialien regeneriert werden, wofür bisher keine Beobachtungen sprechen.

Damit können wir den Degenerationsprozeß der Merogone kaum mit dem von VOGT beschriebenen Einschmelzungsprozeß identifizieren; immerhin wäre es möglich, daß die Degeneration des Kopfmesenchyms in unseren Merogonen, bei denen ja gerade ein *Cristatus*-Kern beteiligt ist, durch die bei dieser Art oft vorkommende Zerfallserscheinung befördert würde.

4. Erklärung für die erhöhte Entwicklung der Implantate.

Der gute Erhaltungszustand, der bei der histologischen Untersuchung der Ganzmerogone namentlich für Epidermis und Medullarrohr festgestellt wurde, ließ für diese Gewebe höhere Leistungsmöglichkeiten vermuten. Die Ergebnisse der Implantationsexperimente haben in dieser Hinsicht die Erwartungen übertroffen. Mit Ausnahme des Kopfmesenchyms gehen sämtliche Organimplantate über die Leistungen des Ganzmerogons hinaus. Worauf beruht diese Weiterentwicklung?

a) Für das *Stehenbleiben des Ganzmerogons* macht BALTZER das degenerierende Kopfmesenchym verantwortlich. „Wahrscheinlich werden die noch gesunden Organe an ihrer Weiterentwicklung sekundär dadurch gehindert, daß der Keim an seinem lokalen Krankheitsherd zugrunde geht" (1930, S. 331). Diese Erklärung wird einerseits durch die große Zahl der ausnahmslos hochgradig kernpyknotischen Kopfmesenchyme meiner Implantate und andererseits durch die erhöhte Leistung in den übrigen Organen weitgehend gestützt.

Wenn wir diese erkrankten Organe ausschalten, indem wir die gesundbleibenden Materialien aus der verhängnisvollen Verbindung lösen und sie in normale Umgebung verpflanzen, so können sie dort ihre organeigenen Entwicklungsmöglichkeiten in vollem Umfang realisieren.

In der Beseitigung der entwicklungsphysiologisch gehemmten (kranken) Nebenorgane liegt ein erster Faktor für die Weiterentwicklung der Implantate im Wirtsverband.

b) *Organisatorische Hilfe durch den Wirt.* Durch die entwicklungsmechanischen Arbeiten der SPEMANNschen Schule ist bekannt, daß im Amphibienkeim bestimmte embryonale Organbezirke die Entwicklung ihrer Nachbarbereiche bestimmen (z. B. Urdarmdach-Medullarplatte, Augenbecher-Linse). In Bezug auf solche allgemeine organisatorische Reize befinden sich meine ortsgemäßen Merogonimplantate im Wirtsverband in einer optimalen Umgebung.

Unsere Experimente beweisen, daß bastardmerogonische Zellkomplexe imstande sind auf solche vom Wirt ausgehende Reize zu reagieren; aber auch das Umgekehrte ist möglich: merogonische Urdarmdachimplantate können benachbarte Wirtsgewebe organisieren. Solche Induktionen wurden von BALTZER (1930) und mir recht oft festgestellt.

c) *Spezifische Beeinflussung* der Implantate durch die angrenzenden, organgleichen Wirtsgewebe von normaler Zellkonstitution. Außer der SPEMANNschen Organisatorwirkung, ohne die sich keine Normalentwicklung vollzieht, könnte das Implantat vom kräftigen Wirtsgewebe noch eine besondere Nachbarschaftshilfe erfahren, durch die speziell die histologische Differenzierung befördert würde. So wäre es denkbar, daß z. B. die Muskelfibrillenbildung in den merogonischen Myotomen nur ermöglicht würde auf Grund einer spezifischen Beeinflussung durch die angrenzenden fibrillenbildenden Zellen der Wirtsmuskulatur. Dann wäre es unklar, in welchem Grade die Entwicklungsleistungen der Implantate als *bastardmerogonische* Leistungen bezeichnet werden dürften[1].

Nun scheinen aber die folgenden Befunde vorläufig gegen eine solche Nachbarschaftshilfe organgleicher Wirtsgewebe zu sprechen.

Die Implantate sind im allgemeinen randlich, d. h. dort wo sie an den Wirt grenzen, nicht weiter differenziert als im Inneren. So konnte in keinem Fall eine einseitige Förderung des Dotterabbaues bei den Grenzzellen festgestellt werden.

Große Implantatskomplexe (lange Myotomreihen, Neuralrohre) zeigen den gleichen Differenzierungsgrad wie kleinste Einsprenglinge.

---

[1] Es sind Experimente geplant, die diese Frage weiter verfolgen sollen. Merogonische Zellkomplexe müssen in *unspe.ifischer Umgebung* zur Entwicklung gebracht werden. Dabei muß sich zeigen, was als reine Selbstdifferenzierung zustande kommt und ob auch hier eine spezifisch histologische Differenzierung (mit Dotterabbau) möglich ist.

Kleine Chordaimplantate, die nur aus wenigen Zellen bestehen, bleiben genau so unvakuolisiert, wie große merogonische Chorden (Abb. 54 und 55, S. 543/44).

Auch auf das degenerierende Kopfmesenchym hat der Wirt keinen abändernden Einfluß — selbst dann nicht, wenn nur wenige merogonische Zellen in vollständig gesundem Wirtsmesenchym liegen.

Einzig bei dem auf S. 535 ausführlich beschriebenen Muskelimplantat (Abb. 43) könnte eine entwicklungsfördernde Nachbarschaftshilfe durch die angrenzende Muskulatur des Wirtes in Frage kommen.

5. Entwicklungsmechanische Bedeutung der Merogonieexperimente[1].

Über die Frage nach der *Lokalisation der Erbfaktoren* geben die vorliegenden Experimente keine Auskunft. Auch in den relativ hoch differenzierten Implantaten konnten keine artunterscheidenden Merkmale festgestellt werden. Solange aber für einzelne Organbereiche (Epidermis Medullarrohr) die maximale Entwicklungsfähigkeit noch nicht erreicht ist, bleibt die Frage offen, ob es möglich sein wird, auf diesem Wege etwas über die Lokalisation von Erbfaktoren zu erfahren.

Die Bedeutung der Implantationsexperimente liegt auf *entwicklungsmechanischem* Gebiet — hier konnten die Ergebnisse der bisherigen Merogonieforschung nach verschiedenen Richtungen hin erweitert werden.

Durch das heterosperme Merogonieexperiment wird die Konstitution der Eizelle in tiefgreifender Weise verändert: Der Artkern wird durch einen artfremden Kern ersetzt. *Aufgabe der Untersuchung war es, festzustellen, wie sich diese Veränderung auswirkt, d. h. zu welchen Leistungen eine solche heterogen zusammengesetzte Zelle fähig ist.*

Boveris und Godlewskis Echinodermenmerogone zeigten, daß die *ersten Entwicklungsschritte* bis in die Gastrulation hinein normal verlaufen können.

Durch die *Triton*-Merogonie (Baltzer, P. Hertwig) wurde dann bewiesen, daß dieses Material über die Gastrulation hinaus auch noch die eigentliche *Organbildung* in Angriff nehmen kann. Dieses Ergebnis wird durch meine Implantationsexperimente in vollem Umfang bestätigt und erweitert. *Die normale Formung von merogonischen Neuralteilen, Augenblasen, Chorden, Myotomen und Vornierenkanälchen beweist, daß die „primäre Organogenese"* (Baltzer 1920) *nicht an eine arteigene Kern-Plasmazusammensetzung gebunden ist.*

Mit der Modellierung der Organanlagen wird der Bauplan des Wirbeltieres in großen Zügen festgelegt. Nachher setzt die histologische Einzelarbeit innerhalb der Organe ein — indem nun die spezifischen Zellstruk-

---

[1] Vergleiche den Vortrag von Baltzer (1931), wo die vorliegenden Merogonieexperimente bereits theoretisch ausgewertet sind.

turen zur Ausbildung kommen. Meine Implantationen beweisen, daß diese *spezifisch gewebliche Differenzierungsarbeit* in einzelnen Organen im Prinzip geleistet werden kann, *auch wenn Kern und Plasma so verschiedenen Arten wie Triton cristatus und Triton palmatus angehören*; ob dabei diese Arbeit auch in gleich hohem *Maße* geleistet werden kann wie bei arteigener Zellkonstitution, bleibt noch zu untersuchen.

Im einzelnen zeigt sich, daß die *verschiedenen Organmaterialien in verschiedenem Grade fähig* sind, *ihre gewebliche Differenzierung auszuführen*. Die einwandfreieste Leistung zeigt Epidermis, dann folgt Muskulatur. Für Medullarmaterial steht noch nicht fest, ob die Ausbildung von Nervenfasern möglich ist. Die Chordazellen erreichten in keinem Fall ihre typische histologische Struktur (Vakuolisierung), und die Zellen des Kopfmesenchyms erwiesen sich überhaupt als entwicklungsunfähig. Diese abgestufte Entwicklungsfähigkeit äußert sich darin, daß mit abnehmender Leistungsfähigkeit die Zahl der desorganisierten (pyknotischen) Kerne zunimmt (Tab. 4—8).

Entsprechende Verschiedenheiten zwischen den einzelnen Organbezirken sind auch für den Ganzmerogon nachgewiesen. BALTZER (1930) schließt daraus: ,,Die verschiedenen Organe müssen in Bezug auf das fremde Kernmaterial ungleich empfindlich sein.‘‘

In den Tabellen 1 und 2, S. 498 wurden die Maximalleistungen verschiedener Bastardmerogone vergleichend zusammengestellt. Mit Rücksicht auf die Ergebnisse der vorliegenden Experimente bedarf dieser Begriff der ,,Maximalleistung‘‘ einer Korrektur. Nicht die Entwicklung eines Ganzmerogons, nur die getrennte Aufzucht einzelner Organbereiche gibt über Maximalleistungen Auskunft. Die Entwicklungsfähigkeit des Ganzmerogons wird offenbar durch den Organbezirk mit den minimalsten Entwicklungsmöglichkeiten bestimmt.

Ob dies auch bei anderen Artkombinationen gilt, bleibt zu untersuchen — *jedenfalls dürfen wir künftig aus der Entwicklungseinstellung eines Ganzmerogons nicht auf eine allgemeine Impotenz der bastardmerogonischen Zellen schließen*, wie es BOVERI, GODLEWSKI, BALTZER und P. HERTWIG getan haben.

Zusammenfassend können wir auf Grund der älteren und neuesten Ergebnisse die bastardmerogonische Entwicklung durch folgende *Gesetzmäßigkeiten* charakterisieren:

1. *In bastardmerogonischen Keimen folgt auf einen normalen Entwicklungsanfang ein charakteristischer Entwicklungsstillstand.*

2. *Die maximale Organisationshöhe, die ein Merogon erreicht, ist je nach Artkombination verschieden* (sie wird bei *Triton* wahrscheinlich durch den Organbezirk mit der minimalsten Entwicklungsfähigkeit bestimmt).

3. *Die Entwicklungs- und Differenzierungsfähigkeit der verschiedenen Zellbereiche eines Ganzmerogons ist je nach Organzugehörigkeit verschieden.*

Auf die *theoretische Bedeutung der heterospermmerogonischen Entwick-lung* hat zuerst BOVERI (1918) hingewiesen. Er hat eine Erklärung ge-geben für die Tatsache, daß die Frühentwicklung bis zu einer gewissen Or-ganisationshöhe ohne Beteiligung von Artchromatin vor sich gehen kann:

„Es sind in der Entwicklung zwei in Bezug auf die Mitwirkung des Kernes essentiell verschiedene Perioden zu unterscheiden: eine erste, in der die Konstitution des Eiplasmas maßgebend ist, während von den Chromosomen nur gewisse *generelle* Qualitäten gefordert werden, und eine zweite, in welcher die Chromosomen durch ihre *spezifischen* Eigenschaften zur Geltung kommen und in der der Keim, wenn diese Wirkung ausbleibt oder eine unrichtige ist, zugrundegeht" (BOVERI). Nach BOVERI sollte diese spezifische Entwicklungsperiode während der Gastrulation ein-setzen.

BALTZER (1920, 1930, 1931) hat diese Erklärung auf die *Triton-*merogone übertragen und sie in der Weise modifiziert, daß er *über die Gastrulation hinaus — auch für die „primäre Organogenese" die Wirk-samkeit von „generellen, gattungsgültigen" Kernqualitäten* annimmt:

„Aus dem Entwicklungsstillstand auf dem Augenblasenstadium muß man andererseits den Schluß ziehen, daß von der Stillstandsphase an die Mitarbeit der artfremden Kernqualitäten nicht mehr genügt und von nun an arteigene Kernqualitäten, die der fremde Kern nicht enthält, erforderlich sind" (1930, S. 330).

Wir können jetzt im Anschluß an die BALTZERsche Deutung auch *histologische Differenzierungsvorgänge* (Epidermisbildung, Muskelfibrillen, Sinnesknospen, Blutzellen usw.) *als Wirkung einer generellen Kern-Plasma-arbeit* auffassen, wobei wir uns in erster Linie an die Zelle als Ganzes halten wollen, ohne etwas darüber auszusagen, wie stark der Kern und wie stark das Plasma an dieser Arbeit beteiligt ist (S. 555).

Keimblattbildung, Organogenese und gewebliche Differenzierung würden damit für die untersuchten Tritonarten nach einem weitgehend artun-spezifischen Typus verlaufen — eine ausschließlich artbeschränkte Kern-plasmatätigkeit scheint erst später die Führung zu übernehmen.

H. WINKLER (1924) schreibt in seinem Aufsatz „Über die Rolle von Kern und Protoplasma bei der Vererbung": „Dabei wäre es natürlich durchaus möglich, daß sowohl die karyotischen Genome wie die Geno-plasmen von Organismen, die verschiedenen Gattungen und Familien an-gehören, in manchen wichtigen Punkten miteinander übereinstimmten" (S. 253). Diese Auffassung, die für WINKLER „noch durchaus hypo-thetisch" ist, erhält nun durch die Differenzierungsleistungen der bastard-merogonischen Gewebe eine experimentelle Begründung.

Die vergleichende Embryologie lehrt, daß die Entwicklung — morpho-logisch betrachtet — vom Allgemeinen zum Besonderen führt. Unsere Ex-perimente legen den Schluß nahe, daß dieser Entwicklung zellphysiologische

Vorgänge (Reaktionen der Erbsubstanz) zugrunde liegen, die ebenfalls vom Allgemeinen zum Besonderen, vom Generellen zum Spezifischen führen.

Aus dem verschiedenen Zustand der einzelnen Organe des *Cristatus*-merogons schließt BALTZER: „Daß die harmonische Leistung der generellen Qualitäten dieses Kernes in den verschiedenen Organen ungleich umfangreich ist und verschieden lang dauert" (1930, S. 331). Man muß sich wohl vorstellen, daß die einzelnen Organanlagen nicht gleichzeitig in die Stadien gelangen, wo sie eine streng artspezifische Kern-Plasmatätigkeit verlangen.

Auf was im besonderen die frühzeitige und überstarke Degeneration des Kopfmesenchyms und mit ihm einzelner mesenchymaler Elemente des Rumpfes (Sklerotom) beruht, kann heute nicht befriedigend erklärt werden. Ich möchte aber darauf aufmerksam machen, daß nach STONE (1922) und VEIT (1924) das Kopfmesenchym ein sehr aktiver Organbezirk ist, in dem Zellbewegungen und Zellumformungen in hohem Maße vorkommen und der dementsprechend empfindlich sein kann.

Andere Folgerungen aus den Ergebnissen der Bastardmerogonie zieht P. HERTWIG (1923). Sie lehnt die Wirksamkeit von generellen Kernqualitäten ab. Der Kern würde von Anfang an artspezifisch arbeiten. Die ersten Entwicklungsschritte würden dabei ganz normal ablaufen, indem es dem Kern im Bastardmerogon möglich wäre, seine durch die Furchungsteilungen sich vermindernde Substanz auch aus artfremdem Plasma stets neu zu ergänzen. Schon der Gastrulationsprozeß müßte aber einzelnen Bastardmerogonen unüberwindliche Schwierigkeiten bereiten, vor allem aber würde die heterogene Kern-Plasmazusammensetzung versagen im Zeitpunkt, wo die für die weitere Gestaltung notwendigen Reservestoffe mobilisiert werden müssen. P. HERTWIG übernimmt hier die von G. HERTWIG (1922) aufgestellte Theorie, wonach der embryonale Dotterabbau eine „spezifische Fermentwirkung des Kernes auf artspezifische Reservestoffe" erfordere. Da nun naturgemäß ein Bastardmerogon solche zum Dotter passende Kernfermente nicht produzieren kann, so scheint damit für seine Entwicklungseinstellung eine einfache Erklärung gegeben.

Die Ergebnisse der vorliegenden Experimente lassen sich nicht mit der HERTWIGschen Auffassung vereinen, da sie gezeigt haben, „*daß der Palmatusdotter auch dann abgebaut wird, wenn nur Cristatuskern in der Zelle vorhanden ist*" (HADORN 1930, S. 337). Gerade wenn wir die Richtigkeit des einen Teiles der HERTWIGschen Theorie voraussetzen und annehmen, daß die Mobilisierung der Reservestoffe irgendwie mit einer Kerntätigkeit zusammenhängt, so müssen wir aus dem Dotterabbau in den Implantaten folgern, daß hier die wirksamen Kernfermente eine *artunspezifische Gültigkeit* haben, so wäre — ausgehend von der HERTWIGschen Theorie — die Existenz von generellen Kernqualitäten bewiesen.

Die Implantationsexperimente sprechen damit auch gegen die von P. HERTWIG für die Entwicklungseinstellung gegebene Erklärung: der Dotterabbau ist prinzipiell auch im Bastardmerogon möglich und kann also kaum eine Hauptursache seiner Entwicklungseinstellung sein.

Man könnte gegen meine Experimente noch einwenden, daß hier die dotterabbauenden Fermente aus der Wirtsumgebung stammen und in das Implantat hinein diffundiert seien. Demgegenüber sei festgehalten, daß sich große und kleine Implantate in Bezug auf den Dotterabbau genau gleich verhalten und daß nie eine randlich stärkere Auflösung des Dotters beobachtet werden konnte (S. 558). Es bleibt weiteren Untersuchungen vorbehalten, die Frage des Dotterabbaues in bastardmerogonischen Zellen zu verfolgen.

Zusammenfassung.

1. Mittelst der SPEMANNschen Schnürmethode wurden *Bastardmerogone* : *Triton palmatus* (♀) × *Triton cristatus-*♂ hergestellt.

2. Die merogonische Konstitution der einen Schnürhälfte wurde bewiesen:

a) Durch die Feststellung der Lage des Eiflecks nach vollzogener Schnürung.

b) Durch Beobachtung des verzögerten Furchungsablaufes.

c) Durch Feststellung der diploiden Chromosomenzahl (24) im Material des eikernhaltigen Schnürkeimes.

d) Durch *Feststellung der haploiden Chromosomenzahl* (12) im Material des merogonischen Schnürkeimes.

3. Es erreichen relativ wenig merogonische Schnürhälften das Gastrulastadium; es sind im allgemeinen nur diejenigen, deren Furchung von Anfang an regelmäßig verläuft. Diese entwicklungsfähigen Merogone besitzen — wie durch Zählungen nachgewiesen wurde — *einheitlich haploide Chromosomensätze (ausbalanciert)*.

4. *Im Gastrulastadium* wurden die vitalgefärbten *merogonischen Keime in Stückchen zerlegt und diese ortsgemäß implantiert in ungefärbte diploide Keime von Triton palmatus.* Auf diese Weise wurde versucht, *einzelne* Organbereiche über das Maximalstadium eines Ganzmerogons hinaus zu züchten.

5. Eine von W. FYG und F. BALTZER ausgearbeitete Fixierungs- und Färbungsmethode gelangte zur Anwendung; sie ermöglicht, die vitalgefärbten, implantierten Zellen auch im Schnitt zu erkennen.

6. *Die transplantierten bastardmerogonischen Gewebe konnten ganz wesentlich über das Maximalalter des Ganzmerogons hinaus gezüchtet werden.*

7. *Es wurden dabei die folgenden Organbildungs- und Differenzierungsleistungen nachgewiesen: zweischichtige Epidermis mit Sinnesknospen der*

Seitenlinie — normale Formung von Gehirn- und Rückenmarksteilen, von Augen- und Hörblasen — Abgrenzung der Ursegmente — Entwicklung der Myotome bis zur Ausbildung von funktionierender fibrillenführender Muskulatur — Abgrenzung und Formung der Chorda — Vornieren-kanälchen — Blutzellen — Pigmentzellen.

8. Für die *Kerngröße* in den Implantaten zeigte sich nicht allein die Chromosomenzahl, sondern auch die Organzugehörigkeit maßgebend. Als Erkennungsmarke für bastardmerogonische Gewebe kann die Kerngröße nicht verwendet werden.

9. Der *Palmatus-Dotter* kann auch in Organen, die nur artfremde *Cristatus*-Kerne besitzen, ganz abgebaut werden.

10. Die *verschiedenen Organbezirke* haben eine *abgestufte Entwicklungsfähigkeit*: am geringsten ist sie für Kopfmesenchym, ebenfalls beschränkt für Chorda, am höchsten für Epidermis und Muskulatur.

<hr>

Literaturverzeichnis.

Baltzer, F.: Über die experimentelle Erzeugung und die Entwicklung von *Triton*bastarden ohne mütterliches Kernmaterial. Verh. schweiz. naturforsch. Ges. Neuenburg 1920. — Über die Herstellung und Aufzucht eines haploiden *Triton taeniatus*. Ebenda. Bern 1922. — Über die Entwicklung des *Triton*merogons *Triton taeniatus* (♀) × *cristatus*-♂. Rev. suisse Zool. **37** (1930). — Die Zusammenarbeit von Plasma und Kern in der tierischen Entwicklung. Sitzgsber. naturforsch. Ges. Bern 1930 (1931). — **Boveri, Th.:** Ein geschlechtlich erzeugter Organismus ohne mütterliche Eigenschaften. Sitzgsber. Ges. Morph. u. Physiol. München 5 (1889). — Zellenstudien. VI. Die Entwicklung dispermer Seeigeleier. Jena. Z. Naturwiss., N. F. **43** (1907). — Zwei Fehlerquellen bei Merogonieversuchen und die Entwicklungsfähigkeit merogonischer und partiell-merogonischer Seeigel-Bastarde. Arch. Entw.mechan. 44 (1918). — **Curry, H. A.:** Methode zur Entfernung des Eikerns bei normalbefruchteten und baₛtardbefruchteten *Triton*-Eiern durch Anₛtich. Rev. suisse Zool. **38** (1931). — **Delage, Y.:** Etudes sur la mérogonie. Archives de Zool., sér. 3, 7 (1899). — **Fankhauser, G.:** Analyse der physiologischen Polyspermie des *Triton*-Eies auf Grund von Schnürungsexperimenten. Roux' Arch. **105** (1925). — Über die Beteiligung kernloser Strahlungen (Cytaster) an der Furchung geschnürter *Triton*-Eier. Rev. suisse Zool. 36 (1929). Die Entwicklungspotenzen diploidkerniger Hälften des ungefurchten *Triton*-Eies. Roux' Arch. **122** (1930). — **Fry, H. J.:** The cross fertilization of enucleated *Echinarachnius* eggs by *Arbacia* sperm. Biol. Bull. Mar. biol. Labor. Wood's Hole **53** (1927). — **Glaesner, L.:** Normentafel zur Entwicklungsgeschichte des gemeinen Wassermolches (*Molge vulgaris*). Jena: Gustav Fischer 1925. — **Godlewski, E.:** Untersuchungen über die Bastardierung der Echiniden- und Crinoidenfamilie. Arch. Entw.mechan. **20** (1906). — **Hadorn, E.:** Über die Organentwicklung in bastardmerogonischen Transplantaten bei *Triton*. Rev. suisse Zool. 37 (1930). — **Hertwig, G.:** Parthenogenesis bei Wirbeltieren, hervorgerufen durch artfremden radiumbestrahlten Samen. Arch. mikrosk. Anat. **81**, Abt. II (1913). — Kreuzungsversuche an Amphibien. I. Wahre und falsche Bastarde. Ebenda **91** (1918). — Die Bedeutung des Kerns für das Wachstum und die Differenzierung der Zelle. Erg.-H. Anat. Anz. **55** (1922). — Die Verpflanzung haploidkerniger Zellen, eine neue Methode embryonaler Transplantation. Roux' Arch. **105** (1925). — **Hertwig,**

P.: Bastardierung und Entwicklung von Amphibieneiern ohne mütterliches Kernmaterial. Z. Abstammungslehre **27** (1922). — Bastardierungsversuche mit entkernten Amphibieneiern. Arch. mikrosk. Anat. u. Entw.mechan. **100** (1923). — **Holtfreter, J.:** Über die Aufzucht isolierter Teile des Amphibienkeimes. Roux' Arch. **117** (1929). — **Lehmann, F. E.:** Alkoholbeständige Fixation vitaler Färbungen von Nilblausulfat, demonstriert an Schnittpräparaten von Keimen von *Triton taeniatus*. Verh. dtsch. zool. Ges., 32. Vers. **1928**. — Die Entwicklung des Anlagemusters im Ektoderm der *Triton*-Gastrula. Roux' Arch. **117** (1929). — **Machemer, H.:** Differenzierungsfähigkeit der Urnierenanlage von *Triton alpestris*. Ebenda **118** (1929). — **Mangold, O.** und **Spemann, H.:** Über Induktion von Medullarplatte durch Medullarplatte im jüngeren Keim, ein Beispiel homöogenetischer oder assimilatorischer Induktion. Ebenda **111** (1927). — **Penners, A.:** Über die Rolle von Kern und Plasma bei der Embryonalentwicklung. Naturwiss. **1922**, H. 34/35. — **Schleip, W.:** Die Determination der Primitiventwicklung. Leipzig: Akadem. Verlags-Ges. m. b. H. 1929. — **Spemann, H.:** Über verzögerte Kernversorgung von Keimteilen. Verh. dtsch. zool. Ges., 24. Vers. **1914**. — Über die Determination der ersten Organanlagen des Amphibienembryo. Arch. Entw.-mechan. **43** (1918). — Mikrochirurgische Operationstechnik. Abderhalden, Handbuch der biologischen Arbeitsmethoden. 1920. — **Stone, L. S.:** Experiments on the development of the cranial ganglia and the lateral line sense organs in *Amblystoma punctatum*. J. of exper. Zool. **35** (1922). — **Taylor** a. **Tennent:** Preliminary report on the development of egg fragments. Carnegie Inst. Year Book, Nr 23. 1924. — **Veit, O.:** Beiträge zur Kenntnis des Kopfes der Wirbeltiere. II. Frühstadien der Entwicklung des Kopfes von *Lepidosteus osseus* und ihre prinzipielle Bedeutung für die Kephalogenese der Wirbeltiere. Z. Morph., Jb. **53** (1924). — **Vogt, W.:** Über rückschreitende Veränderungen von Kernen und Zellen junger Entwicklungsstadien von *Triton cristatus*. Sitzgsber. Ges. Naturwiss. Marburg **1909**. — Gestaltungsanalyse am Amphibienkeim mit örtlicher Vitalfärbung. I. Teil. Roux' Arch. **106** (1925). — Gestaltungsanalyse am Amphibienkeim mit örtlicher Vitalfärbung. II. Teil. Ebenda **120** (1929). — **Wettstein, F. v.:** Morphologie und Physiologie des Formwechsels der Moose auf genetischer Grundlage II. Bibliotheca Genetica X (1928). — **Winkler, H.:** Über die Rolle von Kern und Protoplasma bei der Vererbung. Zeitschr. Abstammungslehre **33** (1924).